Flavio Chame Barreto
Nadia Rockenback

Educação Escolar
Evolução Histórica, Teorias, Práticas Docentes e Reflexões

1ª Edição

érica | Saraiva

Dados Internacionais de Catalogação na Publicação (CIP)
(Câmara Brasileira do Livro, SP, Brasil)

Barreto, Flavio Chame
Educação escolar : evolução histórica, teorias, práticas docentes e reflexões / Flavio Chame Barreto, Nadia Josiane Rockenback de Almeida. -- 1. ed. -- São Paulo : Érica, 2014.

Bibliografia
ISBN 978-85-365-0867-2

1. Educação 2. Educação como profissão 3. Inovações educacionais 4. Prática de ensino 5. Sala de aula I. Almeida, Nadia Josiane Rockenback de. II. Título.

14-06902 CDD-370

Índices para catálogo sistemático:
1. Educação escolar 370

Coordenação Editorial:	Rosana Arruda da Silva
Capa:	Maurício S. de França
Edição de Texto:	Beatriz M. Carneiro, Bonie Cristal, Silvia Campos
Preparação de Texto:	Edmilson Carneiro
Produção Editorial:	Adriana Aguiar Santoro, Dalete Oliveira, Graziele Liborni, Laudemir Marinho dos Santos, Rosana Aparecida Alves dos Santos, Rosemeire Cavalheiro
Editoração:	Villa d'Artes Soluções Gráficas
Produção Digital:	Alline Bullara

Contato com o editorial: editorial@editoraerica.com.br

Editora Érica Ltda. | Uma Empresa do Grupo Saraiva
Rua São Gil, 159 - Tatuapé
CEP: 03401-030 - São Paulo - SP
Fone: (11) 2295-3066 - Fax: (11) 2097-4060
www.editoraerica.com.br

Agradecimentos

Agradeço à professora Maria Angela Champion pelos conhecimentos e saberes generosamente oferecidos.

Flavio Chame Barreto

Agradeço à minha família pelo afeto e companheirismo sempre presentes.

Nadia Rockenback

Sobre os autores

Flavio Chame Barreto é Professor de Ciências e Biologia, Biólogo, Especialista em Ensino de Ciências e Biologia (UFRJ) e em Docência no Ensino Superior, e Mestre em Informática, Educação e Sociedade (UFRJ).

Além de professor atuante em sala de aula, atualmente é coordenador pedagógico na Educação Básica em unidade educacional da Secretaria Estadual de Educação do Rio de Janeiro (Seeduc - RJ), professor da graduação da Uniesp - Unidade Duque de Caxias, professor colaborador da pós-graduação da Unisuam - RJ e professor colaborador dos cursos de extensão na área da Educação da PUC–RJ (CCE/PUC-Rio).

Atuante em todos os níveis da Educação, agregou em sua vida profissional grande vivência como professor em Instituições públicas (CAP-UFRJ e Seeduc) e como professor e coordenador de cursos em Instituições privadas (UCL, Feuduc e Flama) sempre com foco nas áreas da Educação, Saúde e Informática ministrando aulas no Ensino Básico, Médio, graduação e pós-graduação.

Nas poucas horas vagas, também é músico amador e escritor.

Nadia Rockenback é professora de Língua Portuguesa e Literatura, formada em Letras--Português e Literatura; Especialista em Leitura, Gramática e Produção de Textos (Unisuam), e Literatura e Cultura (Unicid); concluinte em Pedagogia (UERJ); Especialista em MBA de Gestão de Pessoas (UGF); Especialista em Psicopedagogia Clínica e Institucional (Uninter); e Mestre em Educação (Uninove).

Além de professora atuante em sala de aula, atualmente é diretora adjunta na Educação Básica em unidade educacional da Secretaria Estadual de Educação do Rio de Janeiro (Seeduc – RJ), professora colaboradora da graduação da UNIESP – unidade Duque de Caxias.

Atuante em todos os níveis da Educação, agregou em sua vida profissional grande vivência como pesquisadora e professora em Instituições públicas (UERJ e Seeduc) e como professora em instituições privadas (Unisuam e Flama). Nas poucas horas vagas, é poeta e escritora.

Sumário

Apresentação

Este livro foi elaborado em capítulos para permitir um percurso pela Educação Escolar de forma direcionada à realidade da escola. É uma obra que possui uma linguagem de fácil compreensão, que segue abordando os tópicos de forma progressiva e simples.

O Capítulo 1 faz uma abordagem histórica para explicar o conceito atual de Educação Escolar, diferenciando este dos conceitos de Educação e de Escola.

No Capítulo 2 é apresentada a concepção científica de teoria e são descritas diferentes linhas teóricas, que tentam explicar como ocorre a apreensão cognitiva.

O Capítulo 3 apresenta a descrição e explicação de algumas estratégias docentes, justificadas pela intersecção de conhecimentos específicos de diferentes áreas, como a Neurociência, a Psicologia na Educação e de algumas Teorias de Aprendizagem.

No Capítulo 4 são trazidas reflexões sobre o ser infantil no decorrer dos tempos, os contextos históricos que serviram de espelho para a educação brasileira e abordam as principais linhas pedagógicas.

No Capítulo 5, é mostrada a possibilidade de um olhar amplo sobre a Educação Escolar. Ele aborda a Lei nº 9.394/96, trata das questões curriculares, avaliativas e aponta as diretrizes administrativas que se revelam nas diferentes gestões escolares.

O Capítulo 6 fala sobre os desafios da aprendizagem apresentando conceitos como o da Psicopedagogia.

O Capítulo 7 propõe uma recapitulação em formato de considerações finais.

Boa leitura!

Os autores

1

Entendendo a Educação Escolar

Para começar

Este capítulo tem como objetivo fazer uma apresentação dos conceitos de Educação, de Escola e de Educação Escolar, diferenciando-os a partir do próprio percurso histórico que cada um teve para solidificar-se conceitualmente de acordo com as diferentes necessidades educacionais que foram surgindo, chegando até os dias de hoje, em nossas sociedades.

A partir da demonstração desses caminhos que embasaram as diferenças conceituais acima nomeadas, o conceito mais atualizado de Educação Escolar é, portanto, estabelecido, definido e detalhado.

1.1 Educação Escolar: Conceituação histórica

O conceito básico de Educação Escolar poderia ser simplesmente resumido como todo o processo educacional que acontece dentro de um ambiente Escolar objetivando a formação plena do indivíduo. Esse conceito, sendo apresentado assim, e de forma tão simples, apesar de ser bem claro, muitas vezes é confundido conceitualmente com a própria Educação que apresenta um escopo mais amplo, ultrapassando, inclusive, os muros da Escola.

Apesar de ambos os conceitos – Escola e Educação – estarem intimamente interligados, eles apresentam características, domínios e definições próprias e específicas e, para melhor entendê-las e diferenciá-las, nada melhor do que passearmos um pouco pela história: o que foi de fato, quem as definiu, ou seja, o que era Escola e o que era Educação.

Se a Educação Escolar pressupõe, inicialmente, um tipo de educação que deve acontecer no ambiente escolar, então seria interessante compreender ou diferenciar essa forma de educação de outras que recheiam a vida de todos os indivíduos das diversas sociedades existentes no mundo. Que forma de aprendizagem seria essa que pode acontecer fora de sala aula, e se de fato ela existe ou existiu, porque ela ainda influencia outros tipos de educação ou por que sua importância ainda persiste dentro e fora da escola?

Enfim, para entendermos como foi construído historicamente um único conceito que envolve o desenvolvimento tanto da Educação quanto da Escola e seus respectivos percursos bem distintos pela história do homem, iremos fazer uma retrospectiva destes caminhos.

1.1.1 Dos primórdios ao Renascimento

Para começar, e de uma forma bem simplista, poderíamos considerar que o conceito de educar remonta dos primórdios da existência da espécie humana, no período que denominamos de Pré-história, no qual ainda não existia a instituição que hoje denominamos de Escola.

Do mesmo modo, podemos aceitar que a perpetuação dos objetivos da educação, nesse período histórico, basicamente considerava a transmissão de saberes que possibilitassem a sobrevivência do próprio indivíduo e conhecimentos para que ele fosse sociável e produtivo, contribuindo, assim, para a sobrevivência e manutenção da própria vida e de seus pares na sua sociedade.

Ou seja, se transportarmos para os dias atuais, os objetivos educacionais característicos da população humana existente no período pré-histórico, podemos inferir que o homem ainda hoje os utiliza parcialmente, inseridos nos diferentes processos e estratégias embutidos no escopo da Educação, ou seja, aqueles indivíduos que geralmente agregam ou detém mais conhecimento, possivelmente, viverão melhor ou com melhor qualidade de vida.

Portanto, a Educação, nesta simplória análise inicial, seria a ferramenta vital à transmissão e aplicação das descobertas, vivências, experiências e conhecimentos acumulados pelos nossos antepassados, para com isso garantir com vantagens, a perpetuação de seus descendentes, da espécie humana e seu domínio sobre o ambiente em que habitam e, convenhamos, isso não necessariamente precisaria ocorrer em um ambiente escolar.

Contudo, sob uma visão mais crítica, essa definição de Educação de amplitude tão reduzida se mostra incompleta ou até equivocada, se também, e principalmente, considerarmos que historicamente sempre foi a própria ação do homem, durante o processo de transmissão das suas heranças de saberes e culturas que gradativamente modificavam o legado e formato desses conhecimentos para as próximas gerações se apropriarem deles.

Logo, a Educação não pode ser considerada como um fenômeno passivamente neutro, mas sim algo que sofreu e sofre continuamente os efeitos da cultura social vigente e das múltiplas ideologias que sempre emanam desse processo.

Podemos tirar algumas lições interessantes analisando esse primeiro contexto histórico que envolveu as ações educativas humanas daquela época. Por exemplo, as duas mais antigas instituições de Educação que poderíamos considerar existentes naquele tempo, seriam a família e a sociedade, sendo de fato a família a primeira modeladora e transmissora dos saberes mais básicos relacionados à sobrevivência; e a sociedade seria a segunda, também transmissora, mas principalmente transformadora.

Neste primitivo cenário da idade pré-histórica, considerando apenas a quantidade de conhecimentos acumulados e produzidos, o volume de informações a serem perpetuados para as próximas gerações eram mínimos, comparados com a quantidade produzida pela humanidade nos dias atuais, e a escola como instituição de Educação de fato, ainda não tinha razão para existir, pois seria inclusive desnecessária.

Por outro lado, nessas sociedades mais primitivas, estas duas instituições, família e sociedade, não eram bem definidas como são hoje, logo existia uma natural tendência a se misturarem e seus papéis educativos se confundirem. As sociedades eram tribais e não existia alguém especialmente destinado à realização da tarefa de ensinar. Isso era papel de todos; logo a Educação se tornava difusa, pois as crianças aprendiam apenas imitando os gestos dos adultos nas atividades diárias e nas cerimônias dos rituais, reproduzindo-os cotidianamente.

Um pouco semelhante ao que vemos ainda hoje, as crianças dessas sociedades tribais aprendiam com seus pais e também com todos à sua volta em um processo educacional voltado apenas para a vida e por meio da vida. A diferença desse modelo para o que vemos nos dias atuais é que a Educação daquela época não apresentava nenhuma intencionalidade, além da aprendizagem prática voltada basicamente para garantia da sobrevivência dos indivíduos e das suas crenças e mitos. Atualmente, as necessidades e exigências individuais, de modo geral, são muito mais amplas.

Os saberes acumulados, resultante das descobertas e experimentações deflagradas pelo próprio crescimento e desenvolvimento da espécie humana, foram aumentando gradativamente, e uma nova forma de organização para a transmissão desses novos conhecimentos se fez necessária e imperativa com o passar dos tempos.

Ao contrário das sociedades primitivas e tribais, nas quais não existia alguém especialmente destinado à tarefa de ensinar, as novas organizações populacionais perceberam espontaneamente que precisariam de alguém ou de uma instituição que se encarregasse da tarefa de perpetuar, para as novas gerações, os antigos e novos saberes e manutenção de suas próprias crenças, paralelamente à perpetuação e crescimento da população e, consequentemente, de forma indireta, a sobrevivência da própria espécie humana.

O volume crescente de novas descobertas e experiências humanas, assim como das novas informações, naturalmente tornou imperativo a criação de um tipo de registro bem mais formal e permanente, visto que a transmissão oral desses conhecimentos já não era uma forma tão eficiente para perpetuar para as próximas gerações tantos saberes novos.

Decorrente da criatividade crescente do homem, e possivelmente impulsionada pela sua necessidade de registrar mais consistentemente a sua própria história e vivências, surge então a escrita, demarcando uma época histórica da humanidade, denominada de Idade Antiga ou Antiguidade, que é o período que se estende desde a invenção da escrita (entre 4.000 a.C. e 3.500 a.C.) até a queda do Império Romano do Ocidente (476 d.C.).

Na Idade Antiga, mais precisamente nas sociedades orientais do continente europeu, surge a figura de uma pessoa especialmente destinada à tarefa de ensinar e com ela nasce a Educação Tradicionalista, baseada unicamente na transmissão tradicional de conhecimentos que interessavam aos que ministravam esses saberes, assim como, e, principalmente, as suas próprias crenças e mitos.

Paralelamente ao surgimento desse tipo de profissional também aparece a necessidade de existir um espaço formal para que ele exerça essas funções. Possivelmente, nessa época tenham surgido as primeiras salas reservadas para este fim nas próprias casas e palácios, assim como possivelmente os primeiros ambientes de estudos com formatos que vagamente lembrariam ao que hoje denominamos de Escola.

O custo desse tipo de serviço educacional possivelmente era alto para os padrões vigentes das sociedades orientais europeias compostas por uma população de lavradores, comerciantes e artesãos, sem direitos políticos e nem acesso ao saber, o que tornou esse tipo de trabalho praticamente restrito e exclusivo da classe mais abastada economicamente, em geral composta por indivíduos do segmento governante.

A princípio, nessa época, apesar de já existir a escrita, a sua apropriação, inserida nesse modelo educacional, ainda seria bastante restrita, como consequência desta forma educacional priorizar no ensino o caráter sagrado e esotérico.

Curiosamente, os mesmos valores divinos, crenças e suas respectivas exaltações que eram formalizadas durante a apropriação da escrita e leitura de alguns poucos indivíduos que se tornavam letrados se difundiam e também passavam a ser transmitidos pela modalidade oral pelas pessoas, da grande massa da população, menos favorecida e iletrada.

A informação escrita com o passar dos tempos assumia o valor de uma verdade absoluta, fidedigna e inquestionável, pois ficava registrada e era redigida, teoricamente, por pessoas com maiores conhecimentos, o que favorecia a sua credibilidade durante a disseminação oral.

Como agravante, a desigualdade oriunda da estratificação social chegou à educação de forma mais contundente e generalizada, iniciando-se então o dualismo escolar, que destinava um tipo de ensino para o povo e outro para os nobres. Nesse momento, a apropriação da escrita tornou-se um diferencial bem maior entre as classes, separando ainda mais o povo da alta nobreza. Os nobres dominavam plenamente a leitura, já os pobres não concretizavam de fato esse domínio pleno.

O poder, geralmente, era exercido por nobres que se apropriavam diretamente ou indiretamente das vantagens propiciadas pelo domínio da escrita e, por conseguinte, pela leitura das diversas informações registradas, enquanto a grande massa permanecia excluída da escola e ainda restrita à educação familiar informal e oral.

Aos poucos o tipo de Educação empregado em cada segmento social e econômico separava cada vez mais as classes, fortalecendo quem estava no poder, auferindo aos governantes melhores condições de manutenção desta confortável condição e de qualidade de vida em detrimento do aumento da miserabilidade reinante entre os desfavorecidos.

Ainda na Idade Antiga, a sociedade da Grécia se destaca historicamente na Educação, pois se diferenciou das sociedades orientais europeias, sendo inclusive considerada como o berço da pedagogia, nome que deriva da palavra grega *paidagogos*, que significa "aquele que conduz a criança", no caso, o escravo que acompanhava a criança à escola. Com o passar dos tempos, o sentido desta palavra grega, que identificava o indivíduo que conduzia o aluno rumo ao aprendizado, ampliou-se, designando o processo de planejamento, mediação, intervenção e acompanhamento da criança em seu percurso pela educação por meio de ações docentes direcionadas para esse fim.

Diversamente do que era feito em outras sociedades da mesma época, a educação grega focava a formação integral do indivíduo, priorizando nesta o desenvolvimento do corpo e do espírito. Isto ocorreu primeiramente na Grécia Antiga, quando a educação ainda era ministrada pela própria família, antes da criação da escrita formal e conforme a tradição religiosa, e posteriormente nas primeiras escolas formais, que foram sendo construídas para atender a crescente demanda de indivíduos de todas as classes, impulsionada pelo advento das grandes cidades gregas que surgiam, denominadas "Pólis".

Na Grécia Antiga, a separação entre as diferentes classes não era tão expressiva como a que ocorria nas sociedades orientais europeias e isso também se refletiu diretamente no desenvolvimento da Educação grega, permitindo posteriormente à invenção da escrita um acesso maior a esta habilidade, por diferentes representantes de diversos segmentos da sociedade.

Contudo, apesar desses avanços educacionais, curiosamente também na Antiga Grécia uma grande parte da população permaneceu por muito tempo fora da escola formal e ainda restrita à educação familiar informal e oral.

Na Idade Antiga ainda podemos citar a Educação romana que, inicialmente, era fortemente influenciada pela sua natureza patriarcal baseada no ensino por meio da oralidade, sofrendo, posteriormente, a influência da difusão e expansão da civilização grega em um período histórico denominado helenismo, culminando, ao final dessa época, com uma fusão entre a cultura romana e a helenística, com nítida supremacia dos valores culturais gregos.

Percebe-se que até a Idade Antiga os papéis da Educação e da Escola ainda não podiam ser plenamente definidos. Mesmo considerando que a Grécia se destacou de forma diferenciada e na democratização ao acesso às escolas, ainda não podemos considerar como existente, nessa época, o conceito de Educação Escolar, como o definimos no início desse capítulo, ou seja, um modelo específico e orientado de Educação com amplos objetivos na formação plena dos indivíduos ocorrendo exclusivamente dentro do ambiente escolar.

Ao entrarmos na Idade Média, percebemos que a escola prosseguiu com o mesmo modelo de segregação social existente na Antiguidade, permanecendo a Educação como um privilégio restrito das classes mais favorecidas economicamente.

Nessa fase, a igreja passou a se inserir e influenciar fortemente a área educacional, baseando-se na concepção que todos os saberes emanavam ou orbitavam no entorno dos desígnios de Deus, considerando o ser humano uma criatura divina, de passagem pela Terra e que deveria cuidar da salvação da sua alma e assim ser recompensado com uma vida eterna.

Nessa época, a educação formal dentro das escolas com conteúdos diferentes do contexto religioso foi delegada a um segundo plano de importância e, quando os conhecimentos de outras disciplinas eram ministrados, isso geralmente ocorria de forma transversal ao ensino e à disseminação das crenças, com os conteúdos sempre interligados com saberes de cunho religioso.

A estratégia docente nessas rudimentares escolas para lidar com as possíveis contradições entre a fé e a racionalidade era o de se respeitar sempre o princípio da autoridade, ou seja, a palavra final sempre era dos grandes sábios letrados, representantes diretos ou fiéis autorizados pela Igreja, baseados pela leitura dos clássicos ou dos textos sagrados. Isso evitava interpretações dúbias e mantinha o predomínio e a coesão da religião.

Os laços estreitados entre a igreja e o poder gradativamente solidificou a força da religião, consequentemente predominando na Educação, desta época, a visão teocêntrica, tendo a figura de Deus como fundamento de toda a ação pedagógica e finalidade na formação do indivíduo.

A rigidez e a pouca flexibilização desse modelo educacional passou a predominar nos ambientes escolares, formando continuamente um maior contingente de pessoas oriundas da classe dominante e, com isso, ampliou-se a hegemonia desse tipo de poder paralelo, exercido pela Igreja, junto aos diferentes reinos e governos.

Durante a fase do Renascimento, período que se iniciou nos meados do século XV, cresceu em todas as classes o desejo por mudanças tanto na Educação quanto nas Escolas, e estas passam a ser o foco primário de reformas para muitas pessoas descontentes e pertencentes a diferentes segmentos sociais e econômicos.

Grande parte da população mais favorecida economicamente, mas que não fazia parte diretamente dos governos passou a se mobilizar exigindo mudanças educacionais. Tais indivíduos acreditavam que, da mesma forma com que a Educação fortalecia o poder da Igreja nas decisões governamentais, baseada na sua visão teocêntrica, se ocorressem mudanças no modelo educacional instituído, isto poderia causar o enfraquecimento dessa influência sobre a classe governante e, provavelmente, o ensino se voltaria bem mais para o homem e bem menos para as divindades, beneficiando a todos.

Modificar a forma de educar tornou-se uma exigência, segundo a nova concepção de homem, presente no movimento humanista, que eclodiu nessa época e que, entre outras coisas, pretendia substituir, dentro do ambiente educacional, o teocentrismo presente nas escolas por valores antropocêntricos. Ou seja, exigia mudanças tanto na forma de educar quanto na concepção limitada dos valores educacionais presentes na Escola, ajustando-os e adequando-os para objetivos mais amplos.

Esse momento coincide com um crescimento na quantidade de Escolas na Europa, do século XVI até o XVIII, paralelamente a uma pequena redução na influência da Igreja nas decisões governamentais como consequência desse movimento humanista, crítico ferrenho do rígido modelo de educação empregado nas escolas que, mesmo assim, ainda priorizavam bem mais o cunho divino em seu padrão educacional.

Até o século XVIII, a maioria dos colégios existentes era de cunho religioso. Por outro lado, os objetivos de um novo padrão de escola defendido pelos humanistas não se limitavam mais apenas à transmissão de conhecimentos, mas também se preocupavam com formação moral do indivíduo como um todo, muito além da religião. Nesse momento histórico, ocorreu um distanciamento real entre o sonho desejado e a realidade imediatamente possível.

Apesar das limitações existentes naquele momento, mudanças singelas, porém importantes, começaram a acontecer; mas curiosamente a sociedade, embora rejeitasse a autoridade da igreja medieval, ainda se manteve fortemente hierarquizada, ainda excluindo os desfavorecidos das escolas e dos seus propósitos educacionais, independentemente da linha adotada, quer fosse de tendência teocêntrica ou antropocêntrica.

Até o século XVIII, a maioria da população permaneceu excluída da Escola e consequentemente alijada da Educação nela praticada, com exceção de uns poucos indivíduos que, mesmo sendo pobres, continuaram sendo acolhidos no ambiente educacional eclesiástico em virtude de aos seus interesses religiosos.

Contudo, podemos perceber que foi somente a partir do século XVIII que a Escola começou a adquirir o formato atual, com um espaço de aprendizagem comportando diferentes alunos de variadas origens, professores, disciplinas e conteúdos diversificados e um objetivo educacional claramente definido e adotado dentro do seu ambiente escolar. Ou seja, podemos considerar que o atual conceito de Educação Escolar começou a ser delineado a partir daí.

Este período histórico também testemunhou os descobrimentos decorrentes das incursões marítimas e as expansões territoriais dos reinados pelas suas colônias. Em razão dos novos e emergentes interesses comerciais, ocorreu a aproximação e o estreitamento das relações entre diversos governos. Isso tudo culminou e determinou importantes mudanças políticas e econômicas, reveladas pela própria história de muitos países europeus, assim como favoreceu a evolução e propagação do movimento renascentista por toda a Europa.

Tal movimento demarcou transformações importantes que ocorreram ao final da Idade Média e no início da idade moderna na Europa, sendo o mais importante a transição do feudalismo para o capitalismo e, por conseguinte, mudanças expressivas que aconteceram na cultura, sociedade, economia, política, religião e educação no continente europeu.

Portanto, deveríamos esperar que o Brasil, ao ser descoberto pelos portugueses, exatamente nesse período histórico, teoricamente, deveria herdar as mudanças que o movimento renascentista imprimia crescentemente na Educação pela Europa. Mas na realidade não foi isso o que ocorreu.

O Brasil era visto apenas como uma colônia, habitada por índios e com muitas riquezas para serem exploradas e exportadas para Portugal, para a manutenção da corte e de toda a realeza. Logo a educação dos habitantes neste local tão distante e desconhecido não poderia ou deveria ser uma prioridade do governo português.

Na realidade, esta nova colônia era apenas uma grande extensão territorial, rica em matéria-prima e produtos nativos que interessavam a Portugal. O Brasil, recém-descoberto por um reino, ainda fortemente ligado e influenciado pela religião, subserviente aos interesses católicos e com a maior taxa de analfabetos existentes na Europa daquela época, realmente não poderia esperar muita coisa em relação à Educação dos seus habitantes, quer estes fossem colonizadores ou colonizados.

Até o início do Renascimento, nos meados do século XV, o analfabetismo imperava pelos diversos países do continente europeu. Entre os séculos XIV e XV, apenas uma pequena minoria da população europeia dominava a leitura e a escrita, sendo esse grupo basicamente composto pelos clérigos, nobres e de algumas pessoas mais ricas.

Considerando toda a Europa do século XV, a taxa de indivíduos alfabetizados era bem maior na Europa germânica e escandinava e praticamente inexistiam habitantes letrados no restante da Europa. Em particular, o analfabetismo nessa época em Portugal apresentava uma das maiores taxas; praticamente toda a sua população não sabia ler. Apesar do crescimento da quantidade de escolas a partir do século XVI até o XVIII, esse quadro ainda demorou muito para se modificar na maioria dos países da Europa, pois o ensino formal da leitura e escrita somente foi inserido nas escolas públicas europeias no século XIX.

O analfabetismo fortemente presente nos diversos países e reinados do continente europeu sempre foi resultante do desinteresse do Estado, do atraso e fraco desenvolvimento econômico e pela influência e interesses da Igreja. Neste caso, Portugal se mostrava bem mais vulnerável, considerando comparativamente os níveis de alfabetização de outras regiões da Europa.

Foi nesse contexto histórico que o Brasil foi descoberto, tornando-se uma colônia portuguesa, onde o domínio da leitura e da escrita sempre fora um fenômeno dominado pela elite e pelos governantes, usado como ferramenta de manutenção de poder, prestígio e separação social. Essa herança de Portugal foi perpetuada durante grande parte da nossa colonização.

1.1.2 Os jesuítas: legado educacional

Em 1549, após 49 anos da descoberta da nova colônia, chegam ao Brasil os primeiros missionários religiosos católicos, os jesuítas, que fundam em Salvador na Bahia o primeiro colégio em terras brasileiras. A atividade missionária dos jesuítas vai ao encontro dos interesses do reino, pois facilita o controle e a dominação metropolitana e, nessas circunstâncias, a educação no Brasil assume o papel de agente colonizador.

Amplie seus conhecimentos

Os jesuítas chegaram ao Brasil com o primeiro governador-geral, Tomé de Souza, e recebiam ordens do Padre Manuel da Nóbrega.

Para saber um pouco mais sobre a chegada dos jesuítas, acesse: <http://www.historiabrasileira.com/brasil-colonia/missoes-jesuiticas-no-brasil/>.

De maneira geral as escolas vão surgindo na colônia, mas continuam ministrando um ensino conservador, predominantemente nas mãos dos religiosos católicos que reproduzem o modelo pedagógico de forte cunho teocêntrico, ainda empregado em Portugal e parte da Europa. Contudo, esse tipo de educação precisou se adaptar à realidade da população nativa, composta basicamente por indígenas e de uns poucos filhos de imigrantes portugueses.

Alguns colégios dos jesuítas atendiam predominantemente a classe econômica mais favorecida; na grande maioria das escolas os jesuítas usavam os seus valores e crenças religiosas, com finalidades muito mais direcionadas à catequese e fortemente modeladoras de comportamentos subservientes aos interesses do reino e da religião. O letramento era uma consequência que poderia ocorrer eventualmente durante o processo, mas, inicialmente, não era o objetivo primário.

Na realidade as ações educacionais realizadas pelos jesuítas, em suas escolas, funcionavam muito mais como freios sociais que auxiliavam à manutenção da ordem na sociedade colonial, produzindo uns poucos indivíduos letrados, mas também muitos cidadãos ainda iletrados, mais fiéis aos interesses da Igreja e da corte portuguesa.

Após um longo período extrativista das riquezas naturais, no qual cidadãos alfabetizados não fariam diferenças significativas na população economicamente produtiva, o Brasil no século XVII começa a ver a sua população de iletrados ser aumentada por outro tipo de analfabetos, os escravos, como consequência do sistema agrário e escravista que passou a dominar a economia da colônia.

O número de escolas existentes já não conseguia mais atender, minimamente, ao aumento crescente e a acentuada demanda de novos iletrados. Portanto, em razão do sistema econômico emergente, mas que ainda atendia aos interesses da coroa portuguesa e aos propósitos dos jesuítas, perpetuou-se até meados do século XVIII esse tipo de escola que priorizava valores religiosos e secundariamente a educação elementar, contribuindo assim para o gradativo aumento da massa de iletrados distribuídos por toda a colônia.

Em 1759, os jesuítas foram expulsos do território português e de todas as suas colônias pelo Marques de Pombal, em razão de uma modificação na estrutura educacional portuguesa, que ficou mais conhecida como reforma pombalina.

Essa reforma, inspirada pelo movimento iluminista, caracterizou um período muito rico em reflexões pedagógicas e que, entre outras coisas, defendia tirar o foco religioso da educação. Isto significava transformar os colégios em escolas leigas e também sob responsabilidade do Estado.

A educação em Portugal e nas suas colônias, incluindo o Brasil, vinha sendo dominada há mais de três séculos exclusivamente pelos jesuítas da Companhia de Jesus e religiosos de outras congregações católicas, e a expulsão dos jesuítas proporcionou um grande atraso na educação nesses locais.

Apesar do foco teocêntrico da educação feita pelos jesuítas, estes ofereciam gratuitamente estudos para mais de 20 mil alunos em Portugal e estima-se, aproximadamente, quase 3 mil no Brasil. Para se ter ideia da forte presença na Educação por esses religiosos, em 1759, quando foram expulsos do Brasil, já eram cerca de 670 religiosos por todo o país, distribuídos em aldeias, missões, colégios e conventos no litoral da colônia, de Santa Catarina ao Ceará.

Fica fácil perceber que após a reforma pombalina e a consequente expulsão dos religiosos da colônia, houve descontinuidade de estudos para uma quantidade muito grande de estudantes e a partir daí se agrava o quadro do analfabetismo, deflagrando um desastre no ensino, que já era precário, no território brasileiro.

Como a democracia da reforma educacional pombalina não previu que precisaria de uma estrutura substitutiva de professores e de escolas, a Educação foi simplesmente levada à bancarrota tanto no Brasil quanto em Portugal e durante esse período aumentou consideravelmente o fosso entre os letrados e a maioria da população analfabeta por toda a colônia brasileira.

Se praticamente não havia nem educação formal nem escola na colônia, não poderíamos delimitar, nesse período histórico, nenhum marco que simbolizasse o início da Educação Escolar no Brasil, considerando a forma conceitual que prevê a formação plena e abrangente do indivíduo, como destacamos no início desse capítulo.

A estagnação educacional perdurou até 1910, e apenas após a monarquia ser substituída pela república, já no século XIX, é que começa a se concretizar, com a intervenção cada vez maior do Estado, o estabelecimento de um tipo de escola elementar universal, leiga, gratuita e obrigatória no Brasil.

Amplie seus conhecimentos

A educação pública no Brasil está bastante ligada às ações reformistas executadas por Marquês de Pombal. Para ler mais sobre o período pombalino, acesse: <http://www.histedbr.fae.unicamp.br/navegando/periodo_pombalino_intro.html>.

Louis-Michel van Loo/Wikimedia Commons

Figura 1.1 – Sebastião José de Carvalho e Melo, conhecido como Marquês de Pombal, foi responsável por uma série de reformas na educação pública no Brasil.

Foi na primeira República (1889-1930) que se deflagraram dois importantes movimentos ideológicos com ideias pedagógicas que abarcavam a expansão da rede escolar, a redução do analfabetismo e as melhorias nas condições didáticas e pedagógicas das Escolas. Portanto, percebe-se que somente a partir daí realmente se enfatizou, dentro do ambiente escolar, a relação entre educação, formação plena do indivíduo e capacidade de transformação, despertando também o interesse pelo ensino, pela formação técnica e pela expansão das disciplinas científicas ministradas dentro das Escolas.

O regime republicano não decretou o fim dos desníveis sociais, econômicos e até pedagógicos que eram encontrados nas diferentes escolas existentes no Brasil no início do século XIX, mas certamente iniciou uma normatização, mesmo que precariamente, mas que já permitia determinar rumos para o estabelecimento de uma educação leiga, universal e obrigatória dentro dos ambientes educacionais brasileiros.

Portanto, podemos dizer que conceitualmente a Educação Escolar realmente começa a ser estabelecida no Brasil somente no final do século XIX e início do século XX e, desde então, vem se modificando, em sua prática, até os dias atuais.

Posteriormente, a Educação Escolar no século XX passa a se preocupar em incluir em seus processos pedagógicos e conteúdos a serem ministrados, elementos inspirados e oriundos da Psicologia, da Sociologia, da Economia, da Linguística, da Antropologia, entre outros, objetivando uma inclusão mais diversificada de culturas científicas como parte do conteúdo a ser ensinado.

O início do século XXI é demarcado pelo rápido avanço tecnológico, o que nos faz antever profundas modificações que já ocorrerão na sociedade, no trabalho e, consequentemente, na Educação Escolar. Por exemplo, podemos citar as tentativas de se incorporar os novos recursos tecnológicos, que atualmente emanam na sociedade e que ainda têm encontrado dificuldades para serem inseridos nos ambientes escolares e cotidiano docente, como ferramentas adicionais, eficientes e complementares para as diferentes práticas pedagógicas.

Provavelmente essas dificuldades ainda devem persistir por algum tempo no contexto da Educação Escolar, pois elas se deparam com a manutenção da tradição docente em ministrar aulas na mesma formatação acadêmica, oriunda do século XIX, e que ainda não se adequou aos novos contextos em que se encontra o aluno, atualmente, na sociedade, ou assim como os professores atuantes no século XXI ainda não conseguiram se adaptar às transformações vertiginosas da alta tecnologia e que são disponibilizadas para uso próprio, inclusive no ambiente escolar neste novo momento histórico.

O século XXI está se caracterizando por muitas informações e novos saberes; rápidas mudanças acontecem, assim como rapidamente surgem novos produtos e novas maneiras de como produzi-los, criando novas profissões e extinguindo outras, gerando novos consumidores, produtores, prestadores de serviços e tantas necessidades novas na sociedade em intervalos de tempos cada vez mais curtos.

Daí é interessante não somente compreender, mas principalmente aplicar de forma mais abrangente e moderna o atual conceito de Educação Escolar: ela engloba todos os processos educacionais que acontecem dentro de uma Instituição de Ensino, objetivando a formação plena do indivíduo para que ele possa servir à sua sociedade, utilizando para este fim saberes e habilidades aprendidos e desenvolvidos durante esse percurso escolar.

Agora que descrevemos o que atualmente seria Educação Escolar, vamos detalhar, nos próximos capítulos, alguns desses processos que ocorrem dentro do ambiente escolar, assim como explicar o desenvolvimento de atividades no cotidiano docente, sob um olhar mais direcionado e atualizado, focando prováveis necessidades ou dificuldades que, possivelmente, podem surgir durante a formação do indivíduo dentro da Escola.

Vamos recapitular?

Na Idade Antiga, mas precisamente nas sociedades orientais do continente europeu, surge a figura de uma pessoa especialmente destinada à tarefa de ensinar e com ele nasce a Educação Tradicionalista. Paralelamente ao surgimento desse tipo de profissional, também aparece a necessidade de existir um espaço formal para que ele exerça essas funções.

Ao entrarmos na Idade Média, percebemos que a escola prosseguiu com o mesmo modelo de segregação social existente na Antiguidade, permanecendo a Educação como um privilégio restrito das classes mais favorecidas economicamente.

Até o século XVIII, a maioria da população permaneceu excluída da Escola e consequentemente alijada da Educação nela praticada, com exceção de uns poucos indivíduos que, mesmo sendo pobres, continuaram sendo acolhidos no ambiente educacional eclesiástico devido aos seus interesses religiosos.

Em 1549, após 49 anos da descoberta da nova colônia, chegam ao Brasil os primeiros missionários religiosos católicos, os jesuítas, que fundam em Salvador na Bahia o primeiro colégio em terras brasileiras.

O início do século XXI é demarcado pelo rápido avanço tecnológico, o que nos faz antever profundas modificações que já ocorrerão na sociedade, no trabalho e, consequentemente, na Educação Escolar.

Agora é com você!

1) De modo geral, o que pretendia o movimento humanista em relação à Educação?

2) O regime republicano não decretou o fim dos desníveis sociais, econômicos ou pedagógicos que eram encontrados nas diferentes escolas existentes no Brasil no início do século XIX, todavia, teria ele aberto caminhos para qual tipo de Educação pretendida?

3) Segundo os autores, qual é o atual conceito de Educação Escolar?

4) Com o objetivo de praticar o que foi abordado neste capítulo, sugerimos que você crie uma monografia, resenha ou texto que sintetize a história da Educação do Brasil e correlacione seus principais aspectos com a História da Educação na Europa do século XV até o século XXI.

2

Teorias de Aprendizagem e a sua Relação com a Educação Escolar

Para começar

Neste capítulo, são apresentados a concepção científica de Teoria e o conceitual teórico de Teoria da Aprendizagem no contexto Educacional.

Também são descritas diferentes linhas teóricas, que tentam explicar como ocorre a apreensão de conhecimentos no aprendiz, sendo elas acompanhadas por seus respectivos representantes históricos.

2.1 O que é teoria de aprendizagem?

Uma definição científica de teoria seria o agrupamento sistematizado de princípios básicos ou fundamentais de uma ciência ou arte que possibilitem explicar seus fenômenos de modo racional. Esse conjunto, necessariamente, precisa ser organizado para poder explicar tais eventos, confirmando estas explicações por meio de testes e experimentos reprodutíveis.

Portanto, a ausência de um experimento ou a impossibilidade de se ter a sua reprodutibilidade faz com que uma possível teoria permaneça na mera condição de hipótese, logo é imperativo a existência de um experimento reprodutível para sustentar a existência científica de uma teoria.

As teorias de aprendizagem poderiam ser consideradas como modelos pré-determinados que têm por objetivo explicar como ocorre o processo de aprendizagem nos indivíduos.

Porém, como o próprio conceito de aprendizagem pode apresentar diferentes significados dependendo do contexto em que ele for usado, caso aplicássemos o rigor científico ao termo "teoria de aprendizagem", esse não se enquadraria plenamente a todas as ideias e conceitos de estudiosos e autores que serão retratados a seguir.

Mas, apesar disso, é comum o uso do termo "teoria" na área da Educação, quando se deseja descrever algumas ideias ou hipóteses que se estabeleceram historicamente por meio de trabalhos, estudos e observações feitas por pesquisadores na área educacional tentando explicar como ocorre o processo de aprendizagem.

2.2 A aprendizagem comportamentalista ou behaviorista

O comportamentalismo ou behaviorismo metodológico possui forte caráter empirista e teve seu conceito pioneiramente construído por John B. Watson (1878-1958). Para fundamentar suas ideias, ele defendia que todo ser humano aprendia tudo a partir de seu ambiente, assim como não possuía nenhuma herança biológica ao nascer, ou seja, o homem estaria à mercê das influências inerentes ao seu meio e nascia "vazio" informação (tábula rasa) em relação a qualquer assunto.

Para sustentar esta teoria, Watson rejeitava os estudos, feitos na época pela psicologia, dos processos mentais e que eram bastante apoiados na Europa como objeto de pesquisa, mas que ainda não podiam ser claramente observáveis. Baseado nisso, defendia o caráter determinista do comportamentalismo, baseado na observação dos efeitos resultantes de um estímulo-resposta (E-R), no qual existiu a indicação de que o comportamento humano poderia ser previsível.

Em sequência, outra linha behaviorista foi criada por Burrhus Frederic Skinner (1904-1990); contudo, ao contrário do behaviorismo metodológico de Watson, essa vertente não aceitava que o ser humano ao nascer fosse uma tábula rasa, sendo essa a principal discordância entre essas duas vertentes behavioristas e que separava os trabalhos de Skinner e Watson.

Para Skinner, o behaviorismo não podia ser considerado como comportamentalista porque não era um estudo científico do comportamento, mas sim uma filosofia da ciência que se preocupava com os métodos e objetos de estudo da psicologia.

Por sua influência histórica dentro da Educação Escolar, é interessante retratarmos melhor o pensamento de quatro behavioristas importantes nesse contexto. O primeiro foi Pavlov, que inspirou com seus experimentos Watson, que fundou a linha behaviorista no mundo ocidental. O segundo, o próprio Watson, por ser o fundador dessa corrente. O terceiro, Thorndike, por ter criado o conceito de reforço e pela sua influência na psicologia da educação. Por último, Skinner, por ser o mais famoso dos behavioristas e cuja teoria, até hoje, influencia o meio educacional.

Ivan Pavlov (1849-1936), estudando a fisiologia de animais em laboratório, em especial a digestão feitas por cães, percebeu que alguns estímulos provocavam a salivação e a secreção estomacal no animal, o que deveria ocorrer apenas quando o animal ingerisse um alimento. A partir disso, percebeu que o comportamento estava condicionado a esses estímulos, normalmente aplicados poucos instantes antes dos cães se alimentarem.

Ao acionar uma campainha antes de alimentar o cão (estímulo), Pavlov observou que as reações no animal já se faziam presentes. Assim, o estímulo da campainha provocava reflexos no sistema digestório do cão (resposta) mesmo sem a presença do alimento. Também constatou que o animal não podia ser enganado por muito tempo, pois tais reflexos desapareciam caso a comida deixasse de ser dada seguidamente após o estímulo da campainha.

Fique de olho!

Pavlov, que em 1903 publicou um artigo relatando seus resultados e foi premiado com o Nobel de Medicina no ano seguinte (em 1904) pelos seus estudos.

Esse autor postulou que o reflexo condicionado teria um papel importante no comportamento humano e, consequentemente, na educação, fornecendo assim as bases para que John Watson fundasse o comportamentalismo (ou behaviorismo) no mundo ocidental.

O segundo behaviorista que consideramos interessante retratar nesse contexto histórico foi John Watson (1878-1958), que, fortemente influenciado pelos experimentos de seu antecessor Pavlov, cunhou o termo behaviorismo para enfatizar sua preocupação com os aspectos observáveis do comportamento humano que respondiam aos estímulos externos oriundos do ambiente, privilegiando, assim, em suas pesquisas mais os estímulos do que as consequências dos mesmos, realizando experimentos com animais e seres humanos.

Como considerava a psicologia parte das ciências naturais, focou como objeto de estudo o comportamento, que era investigado por meio de experimentos envolvendo estímulos e respostas, assim descartava o termo mentalismo e a distinção entre corpo e mente como era defendida pela psicologia na época, afirmando que o comportamento humano compunha-se inteiramente de impulsos fisiológicos.

Ao focar seu estudo muito mais nos estímulos do que nas consequências e, assim, correlacionar os resultados observáveis com os processos de aprendizagem, Watson passou a defender que esta se concretizava por meio similar ao do condicionamento clássico de Pavlov.

Apesar de não usar o conceito de reforço, como fez seu sucessor Skinner (conforme veremos mais adiante), para explicar o processo de aprendizagem, Watson sugere que este decorre de dois princípios. O primeiro, denominado de Princípio da Frequência, afirma que, quanto mais frequentemente associamos uma determinada resposta a um estímulo específico, mais provavelmente os associaremos outra vez. Nessa perspectiva, caberia ao professor promover o maior número de vezes possível a associação de uma resposta desejada a um estímulo para que o aluno adquira conhecimentos. O segundo, denominado Princípio da Recentidade, destaca que, quanto mais rapidamente associarmos uma dada resposta a um dado estímulo, mais provavelmente os associaremos novamente; logo o professor deveria proporcionar ao estudante o vínculo mais rápido possível entre a resposta que ele deseja que o aluno aprenda e um estímulo a ela relacionado.

Podemos perceber que o próprio modelo educacional vigente na época, nos Estados Unidos, caracterizado por ser tradicional, conteudista e repetitivo, pode ter influenciado Watson em suas conclusões quando correlaciona os conceitos behavioristas à aprendizagem efetiva. Por outro lado, a própria divulgação destes trabalhos, repercutiu fortemente dentro do ambiente escolar, ampliando e reforçando o uso dos conceitos teóricos de Watson dentro do padrão educacional vigente.

De uma forma bem hipotética, poderíamos dizer que o próprio contexto histórico presente na Educação Escolar na década de 1930 estabeleceu um círculo vicioso no qual um fenômeno observável determinava a ampliação da sua influência sobre o outro e vice-versa e, curiosamente, poderíamos até dizer que o estímulo oferecido por um contexto determinava uma resposta esperada do outro, o que por sua vez, servia como estímulo ao primeiro, sem margens para outros resultados ou interpretações.

Uma frase de Watson proferida nos anos 1930 descreveu claramente a sua crença no sucesso desse modelo fortemente determinista aplicado à Educação Escolar:

> "Dê-me uma dúzia de crianças saudáveis, bem formadas, e meu próprio mundo especificado para fazê-los crescer e, garanto, qualquer uma que eu pegue ao acaso, posso treiná-la para se transformar em qualquer tipo de especialista que eu poderia escolher – médico, advogado, artista, o comerciante-chefe e, sim, até mesmo mendigo e ladrão, independentemente dos seus talentos, inclinações, tendências, habilidades, vocações e raça dos seus antepassados".

O terceiro behaviorista que merece retratarmos foi Edward Thorndike (1874-1949). Diversamente de Watson, foi um teórico e forte defensor do reforço e, talvez em virtude disso, sua influência na psicologia e na educação foi muito expressiva.

Sua principal contribuição ao behaviorismo, provavelmente, foi a Lei do Efeito, que trouxe uma concepção de aprendizagem, na qual uma conexão é fortalecida quando é seguida de uma consequência satisfatória para o aprendiz e, inversamente, se a conexão é seguida de uma consequência desapontadora, ela é enfraquecida.

O papel do professor, nesta nova concepção, seria de proporcionar ao aprendiz um reforço positivo (como por exemplo, um elogio), caso o aluno tenha dado uma resposta desejada, ou um reforço negativo (como por exemplo, uma punição) quando o aprendiz oferece uma resposta indesejável.

Além da Lei do Efeito, Thorndike propôs mais duas leis: a primeira, a Lei do Exercício, que determina que, para haver sucesso e fortalecimento no processo de ensino-aprendizagem, é necessário praticar, ocorrendo enfraquecimento ou esquecimento quando essa prática sofre interrupção. Cabe ao professor, portanto, propor aos alunos a prática das respostas desejadas por meio de muitos exercícios que fortaleçam as conexões a serem aprendidas e, ao mesmo tempo, descontinuar a prática de conexões indesejáveis.

Resumindo, para Thorndike, na Educação Escolar é preciso sempre praticar para melhorar o desempenho do estudante, e aí entra a sua segunda lei, denominada Lei da Prontidão, que determina que é necessário existir agilidade, orientação e predisposição no processo para que se concretize satisfatoriamente uma ação desejada. Portanto, cabe ao professor demonstrar imediatamente ao aluno que sua resposta, apesar de não ser exatamente a esperada, pode ser culturalmente aceita, se esse for o caso. Assim, o aluno ficará mais predisposto para prosseguir respondendo, seguindo o caminho lógico sinalizado pelo professor e de maneira mais adequada.

Finalmente, o último behaviorista que retrataremos será Burrhus Frederic Skinner (1904-1990), que na realidade foi o teórico que mais influenciou o entendimento do processo de ensino e aprendizagem e a prática escolar, considerando os preceitos behavioristas.

A concepção skinneriana de aprendizagem está intimamente relacionada a uma questão de modificação do desempenho do aluno, que deve ocorrer dentro do próprio modelo já previamente estabelecido para o seu ensino.

Neste modelo, a Educação Escolar deve se preocupar em oferecer para o professor suporte e condições para ele organizar eficientemente as condições estimuladoras, de modo a que o aluno saia da situação de aprendizagem diferente de como entrou.

Neste contexto, o ensino é um processo de condicionamento diferenciado por meio do uso de reforços das respostas que se quer obter. Assim, os sistemas instrucionais visam o controle do comportamento individual, em face dos objetivos preestabelecidos. Portanto, trata-se apenas de um enfoque mais diretivo do ensino, centrado no controle das condições que modulam o comportamento do estudante nestas condições controladas.

O objetivo do behaviorismo skinneriano, ao propor a aplicação deste modelo de aprendizagem, contextualizado na Educação Escolar vigente na época, na verdade se resumiu ao estudo científico do comportamento na tentativa de se descobrir leis naturais que pudessem reger as reações do aprendiz, a fim de aumentar o controle das variáveis que o afetariam nesse processo.

Segundo Skinner, o comportamento aprendido nada mais é que uma resposta a estímulos externos, controlados por meio de reforços que ocorrem junto ou após uma resposta. Assim como os métodos de ensino consistem basicamente de procedimentos e técnicas necessárias ao arranjo e controle das condições ambientais que assegurariam a transmissão e recepção de informações.

Logo, resumidamente o professor deve modelar respostas apropriadas aos objetivos instrucionais desejados e conseguir com isso o comportamento adequado pelo controle do ensino, seguindo para isso três etapas básicas nesse processo de ensino e aprendizagem; a primeira seria o estabelecimento de comportamentos por meio de objetivos instrucionais; a segunda, a análise da tarefa de aprendizagem, a fim de ordenar sequencialmente os passos da instrução; a terceira, a execução do programa de aula, reforçando gradualmente as respostas corretas correspondentes aos objetivos.

Seu determinismo se aproximou aos limites da utopia quando, em 1968, publicou um trabalho intitulado "Tecnologia do Ensino", no qual defendia substituir o modelo educacional tradicional pelo condicionamento controlado das massas, como meio de controle da ordem social, orientado à felicidade do indivíduo.

Percebe-se em todas as suas obras que Skinner plenamente acreditava na existência de padrões de estímulo-resposta de uma conduta condicionada e que estes se mantinham intimamente relacionados com mudanças de comportamento observáveis, mas ignoravam a possibilidade de existir qualquer outro processo que pudesse ocorrer na mente das pessoas.

Atualmente, a influência behaviorista nas práticas instrucionais contemporâneas é ainda fortemente encontrada em diferentes ambientes educacionais ou parcialmente inserida em diversos modelos de Educação Escolar.

Finalizando, as críticas comuns e mais fortes aos trabalhos produzidos pelos behavioristas estão no fato deles apenas se apoiarem no efeito observado em uma determinada tarefa de aprendizagem, ignorando qualquer processo cognitivo interno que, porventura, possa ter ocorrido no aprendiz.

2.3 Teóricos precursores do cognitivismo

Em seus estudos, Robert Gagné (1916-2002) defendia, de um lado, estímulos e respostas e, de outro, os processos internos da aprendizagem ocorrendo de forma conjunta no aprendiz. Por isso, seus trabalhos podem ser considerados elos de transição entre o behaviorismo e o cognitivismo, nos quais a aprendizagem era resultante de uma modificação na disposição ou na capacidade cognitiva do homem, e que esta não pode ser simplesmente atribuída ao processo de crescimento, podendo ser ativada pela estimulação do ambiente exterior (*input*) e provocando uma modificação do comportamento que é observada como desempenho humano (*output*).

Ao contrário dos behavioristas, Gagné se preocupa com o processo de aprendizagem, com o que se realiza na mente do aprendiz. Com isso, ele distingue dois eventos presentes na aprendizagem: o primeiro denominado de eventos externos, que se refere à estimulação que atinge o aluno e os produtos que resultam de sua resposta; e o segundo, chamado de eventos internos, que seriam as atividades internas que ocorrem no sistema nervoso central do aprendiz.

Gagné alocou os eventos internos seguindo uma série típica composta por oito fases: a primeira seria a fase de motivação, na qual persistiria a expectativa inicial; a segunda seria a fase de apreensão, na qual predominaria a atenção e a percepção seletiva; a terceira seria a fase de aquisição, que determinaria a entrada de informações e preparação para o seu respectivo armazenamento; a quarta seria a fase de retenção que cuidaria do armazenamento na memória; a quinta fase seria a de rememoração, quando ocorreria a recuperação das informações; a sexta seria a fase de generalização, responsável pela transferência ou uso destas informações; a sétima seria a fase de desempenho, na qual se determinaria a qualidade da resposta; e por último a fase de retroalimentação, na qual ocorreria o reforço.

Para Gagné, a aprendizagem estabelece estados persistentes no aprendiz, os quais ele denomina por capacidades humanas, representadas pelas habilidades de produzir, receber e interpretar uma informação verbal e por outras habilidades intelectuais, estratégias cognitivas, atitudes e habilidades motoras.

Defendia que a função de ensinar seria produzir ou organizar as condições exteriores próprias à aprendizagem com o objetivo de ativar as condições internas. Portanto, seria papel do professor promover a aprendizagem utilizando um conjunto de eventos externos planejados com o propósito de iniciar, ativar os eventos internos e com isso manter a aprendizagem do aluno.

Outro teórico precursor do cognitivismo seria Edward Tolman (1886-1959), que, diferente da linha behaviorista clássica, preocupava-se bem mais com possíveis variáveis intervenientes, como os tipos de cognições presentes no processo de aprendizagem ou o funcionamento dos chamados processos mentais superiores, do que apenas observar e estudar os estímulos e respectivas respostas.

Tolman definiu o termo cognição como sendo um construto teórico que intervém entre estímulos e respostas, situando-o tanto no sentido dos estímulos como o de recompensas ou reforços, e as suas respectivas respostas conduziriam ao desenvolvimento da aprendizagem, solidificando essas cognições no aprendiz e, consequentemente, dirigindo o comportamento.

Defendia que o objetivo que direciona o comportamento é a intenção e não a recompensa ou reforço em si oferecido em seguida. Logo, seria mais adequado ao professor evidenciar, para o estudante, qual meta pode atingir, caso responda corretamente a um dado estímulo, do que simplesmente recompensá-lo pelo comportamento obtido após o estimulo.

Para Tolman, as conexões que explicariam o comportamento envolveriam estreitas ligações entre estímulos e expectativas, as quais se desenvolveriam durante a exposição a situações nas quais o reforço fosse possível. Ou seja, para um aluno apresentar um comportamento desejado, o professor precisaria reforçar, o maior número de vezes, as conexões entre estímulos e as expectativas do aprendiz.

Apesar de seu olhar diferenciado, podemos perceber que Tolman ainda permaneceu bastante influenciado pelas ideias behavioristas ao afirmar que o aprendizado resultaria dessa íntima relação entre estímulos e seu respectivo significado; logo o professor precisaria promover a aprendizagem do aprendiz fortalecendo a ligação entre um estímulo e um significado adequado, para confirmar uma expectativa de recompensa do aluno.

2.4 A epistemologia genética

Jean Piaget (1886-1986) nasceu na Suíça, tendo se graduado e doutorado em Biologia pela Universidade de Neuchâtel, sua cidade natal. Iniciou suas pesquisas em Psicologia em 1919, em Zurich e Paris. Lecionou nas universidades Neuchâtel, Genebra, Lausanne e na Sorbonne e, em 1955, criou o Centro Internacional de Epistemologia Genética.

Durante sua vida produziu vários estudos sobre psicologia infantil e, baseando-se fundamentalmente no crescimento de seus filhos, elaborou uma teoria da "inteligência sensório-motriz", que descrevia o desenvolvimento espontâneo de uma inteligência prática, baseada na ação, que se forma a partir dos conceitos incipientes que tem a criança dos objetos a sua volta.

Este desenvolvimento infantil proposto por Piaget pode ser resumido em quatro estágios, como veremos a seguir:

Autor desconhecido/Wikimedia Commons

Figura 2.1 – O cientista suíço Jean Piaget, que revolucionou a maneira de ver a educação infantil.

2.4.1 Estágios do desenvolvimento infantil segundo Piaget

O primeiro seria o estágio sensório-motor, com duração aproximadamente do 0 aos 2 anos, no qual a atividade intelectual da criança é basicamente de natureza sensorial e motora. A principal característica desse período é a ausência da função semiótica, isto é, a criança não representa mentalmente os objetos. Sua ação é direta sobre eles e essas atividades serão o fundamento da atividade intelectual futura. A estimulação ambiental interferirá na passagem de um estágio para o outro.

O segundo seria o estágio pré-operacional, que dura aproximadamente dos 2 aos 6 anos. Nele a criança desenvolve a capacidade simbólica e não depende unicamente de suas sensações, de seus movimentos, mas já distingue um significador (como uma imagem, palavra ou símbolo) daquilo que ele significa (o objeto ausente). Para a educação é importante ressaltar o caráter lúdico do pensamento simbólico. Este período caracteriza-se pelo egocentrismo, isto é, a criança ainda não se mostra capaz de colocar-se na perspectiva do outro.

O pensamento pré-operacional é estático e rígido; a criança capta estados momentâneos, sem juntá-los em um todo. Também persiste o desequilíbrio, no qual há uma predominância de acomodações e não das assimilações, assim como a irreversibilidade, na qual a criança parece incapaz de compreender a existência de fenômenos reversíveis, isto é, aqueles cujas transformações podem ser revertidas, fazendo voltar ao estágio original, como a água, que se transforma em gelo e aquecendo-se volta à forma original.

O terceiro seria o estágio das operações concretas, com duração aproximadamente dos 7 aos 11 anos. Nele a criança já possui uma organização mental integrada e os sistemas de ação reúnem-se em todos integrados. Piaget fala em operações de pensamento em vez de ações. É capaz de ver a totalidade de diferentes ângulos. Conclui e consolida as conservações do número, da substância e do peso. Apesar de ainda trabalhar com objetos, agora representados, sua flexibilidade de pensamento permite um sem número de aprendizagens.

O quarto e último é o estágio das operações formais, que vai aproximadamente dos 12 anos em diante. Nele ocorre o desenvolvimento das operações de raciocínio abstrato. A criança se liberta inteiramente do objeto, inclusive o representado, operando agora com a forma (em contraposição a conteúdo), situando o real em um conjunto de transformações. A grande novidade do nível das operações formais é que o sujeito torna-se capaz de raciocinar corretamente sobre proposições em que não acredita, ou que ainda não crê, ou que ainda considera puras hipóteses. É capaz de inferir as consequências. Têm início os processos de pensamento hipotético-dedutivos.

Em relação à aprendizagem, Piaget considerava que a construção do conhecimento ocorre quando acontecem ações físicas ou mentais sobre objetos, provocando um desequilíbrio, e este resulta na acomodação e assimilação dessas ações e, assim, em construção de esquemas ou de conhecimento. Em outras palavras, uma vez que a criança não consegue assimilar o estímulo, ela tenta fazer uma acomodação e após, uma assimilação, e o equilíbrio é então alcançado.

Piaget concebeu o desenvolvimento intelectual como um processo contínuo de organização e reorganização de uma estrutura, cada nova organização integrando a anterior e si mesma. Embora esse processo seja contínuo, seus resultados são descontínuos: são qualitativamente diferentes.

Considerando que o conceito de estrutura cognitiva é central para a teoria de Piaget e que esses são padrões de ação física e mental subjacentes a atos específicos de inteligência e correspondem a estágios do desenvolvimento infantil, tais estruturas cognitivas sofrem constantes mudanças decorrentes dos próprios processos de adaptação: assimilação e acomodação.

A assimilação envolve a interpretação de eventos em termos de estruturas cognitivas existentes, enquanto que a acomodação se refere à mudança da estrutura cognitiva para compreender o meio, portanto o desenvolvimento cognitivo consiste de um esforço constante para se adaptar ao meio em termos de assimilação e acomodação.

Embora os estágios de desenvolvimento cognitivo identificados por Piaget estejam associados a faixas de idade, eles podem variar para cada indivíduo. Além disso, ele explorou as implicações de sua teoria em todos os aspectos do desenvolvimento da cognição, inteligência e moral.

Muitos dos experimentos piagetianos foram focalizados no desenvolvimento de conceitos matemáticos e lógicos e sua teoria foi bastante aplicada no modelo de prática de ensino e de currículo na educação elementar.

Resumindo, para Piaget, o desenvolvimento cognitivo tem como facilitadoras diferentes atividades ou situações que envolvam os aprendizes e que requeiram adaptação destes. Os materiais de aprendizado e atividades devem envolver um nível apropriado de operações motoras ou mentais para uma criança de uma dada idade, evitando que os aprendizes realizem tarefas que estejam além de suas capacidades cognitivas conforme sua faixa etária.

Amplie seus conhecimentos

Os estudos de Piaget atingiram também a ciência da computação: Seymour Papert desenvolveu a linguagem de programação Logo com base no trabalho de Piaget.

Para aprender um pouco mais sobre isso, acesse: <http://www.ufsj.edu.br/portal-repositorio/File/mestradoeducacao/Dissertacao1.pdf>.

2.5 A aprendizagem sociointeracionista de Lev Vygotsky

Lev Semenovich Vygotsky nasceu em 1896 na Bielo-Rússia e dedicou-se ao estudo da psicologia evolutiva, educação e psicopatologia. Apesar de ter morrido prematuramente em 1934, em razão de ter contraído tuberculose, produziu obras em ritmo intenso, desenvolvendo conhecimentos nas áreas da psicologia, ciências sociais, filosofia, linguística e literatura.

Defendia que as funções psicológicas são um produto de atividade cerebral e influenciou a Educação ao sugerir a importância do papel da linguagem no desenvolvimento do indivíduo e que a aquisição de conhecimentos decorre pela interação do sujeito com o meio.

Essa relação interativa propicia a aquisição dos conhecimentos a partir de relações intra e interpessoais e de troca destas com o meio, a partir de um processo que ele denominou de mediação.

A teoria desenvolvida por Vygotsky defendia que a criança tem necessidade de atuar de maneira eficaz e com independência e de ter a capacidade para desenvolver um estado mental de funcionamento superior quando interage com a cultura; portanto, a própria criança tem um papel ativo no processo de sua aprendizagem, entretanto não atua sozinha, pois aprende a pensar criando, sozinha ou com a ajuda de alguém, interiorizando progressivamente, os exemplos, modelos e vivências que lhe são mostradas ativamente pelas pessoas à sua volta.

The Vigotsky Project/Wikimedia Commons

Figura 2.2 – O psicólogo bielo-russo Vygotsky, nascido em 1896 e falecido em 1934, privilegia em seus estudos o ambiente social, em detrimento das ideias de maturação biológica de Piaget.

Para Vygotsky, as interações que favorecem o desenvolvimento infantil incluem ajuda ativa e a participação guiada dos indivíduos à sua volta com a promoção de ações autorreguladas e independentes da criança. Contudo, para que estas sejam efetivas, é necessário que este tipo de auxílio ocorra dentro da Zona de Desenvolvimento Proximal (ZDP), uma região psicológica hipotética que representa a diferença entre as coisas que a criança pode realizar sozinha e as coisas para as quais ela necessita ajuda.

Em seus trabalhos, Vygotsky valorizou a importância da linguagem no desenvolvimento cognitivo, defendendo que as crianças, ao dispor de palavras e símbolos, são capazes de construir conceitos muito mais rapidamente. Acreditava que a linguagem era a principal via de transmissão da cultura, o veículo do pensamento e a autorregulação voluntária.

Na Educação Escolar, a teoria de Vygotsky reverbera parcialmente, quando se utilizam estratégias pedagógicas que privilegiam as aulas em que se favorece a interação social, por meio da qual os professores utilizam a linguagem para que as crianças expressem aquilo que aprendem, estimulando que elas revelem oralmente e por escrito o resultante de um aprendizado e favorecendo e valorizando o diálogo entre os aprendizes.

Para Vygotsky, a partir do momento em que a criança descobre que tudo tem um nome, cada novo objeto que surge representa um novo problema que a criança resolve atribuindo-lhe um nome. Quando lhe falta a palavra para nomear este novo objeto, a criança recorre a alguém e esses significados básicos de palavras assim adquiridos funcionarão como embriões para a formação de novos e mais complexos conceitos.

Seus estudos na área pedagógica sinalizam que, para ele, o problema da relação entre o desenvolvimento e a aprendizagem constitui um mero problema teórico; contudo, a educação não poderia ser considerada parte do desenvolvimento, pois este teria um lugar especifico no meio sociocultural real do aprendiz.

Por outro lado, a educação não se reduz à aquisição de um conjunto de informações, mas sim em uma das fontes do desenvolvimento ao proporcionar à criança os instrumentos, as técnicas interiores e as operações intelectuais.

Fique de olho!

Vygotsky define a escola como um ambiente que deve provocar uma estruturação no aprendizado baseado em um sistema de relações sociais, entre alunos e professores, entre alunos e alunos, e entre estes atores e o meio, sendo a escolarização um reflexo resultante destas interações nesse ambiente escolar.

A aplicação do conceito denominado Zona de Desenvolvimento Proximal (ZDP) sugere que sempre será necessário submeter a criança a um determinado tipo de educação para que ela, por meio dele, alcance um nível desejado do seu desenvolvimento. Ao se trabalhar nessa zona, com a colaboração e interação com o adulto, a criança pode adquirir com maior facilidade o que seria incapaz de conseguir, no mesmo prazo, caso utilizasse apenas as suas próprias forças.

São muitas as possibilidades de ajuda que um adulto pode oferecer na ZDP, destacando-se a imitação de atitudes, os exemplos apresentados à criança e principalmente a colaboração em atividades compartilhadas como fator construtor do desenvolvimento.

Amplie seus conhecimentos

Para ler e aprender mais sobre Vygotsky e sobre a Zona de Desenvolvimento Proximal, acesse: <http://revistaescola.abril.com.br/formacao/lev-vygotsky-teorico-423354.shtml> e <http://www.scielo.br/scielo.php?pid=S1413-73722011000400016&script=sci_arttext>.

2.6 A aprendizagem por descoberta de Bruner

Jerome Seymour Bruner nasceu em 1915, nos Estados Unidos, onde se graduou e doutorou-se em Psicologia. Embora tenha dedicado grande parte das suas obras ao estudo da psicologia, ganhou grande notoriedade no mundo da educação graças à sua participação no movimento de reforma curricular, ocorrido, no seu país, na década de 1960.

Bruner defende que o aluno precisa ter uma grande participação no seu processo de aprendizagem, sendo que isto precisa ser resultante de suas próprias descobertas ocorridas durante esse processo.

Em outras palavras, o professor não deve apresentar os conteúdos de maneira explicita, mas sim gerar condições para que os alunos conheçam uma meta a ser alcançada, servindo como mediador e guia para que os próprios alunos percorram caminhos, descubram e alcancem os objetivos propostos. Ou seja, a aprendizagem por descoberta ocorrerá quando o professor apresentar as ferramentas necessárias ao aluno para que ele próprio descubra, por si, o que deseja ou o que precisa aprender.

A concepção teórica da aprendizagem por descoberta de Bruner sustenta que a aprendizagem deve levar em conta a predisposição do aprendiz para a aprendizagem, o conjunto de conhecimentos estruturado para que sejam descobertos e interiorizados da melhor forma possível e, finalmente, como criar e manter os aprendizes motivados para que descubram relações entre os conceitos e construam, a partir daí, suas próprias proposições.

A concepção de desenvolvimento do aprendizado, para Bruner, é muito similar à concepção construtivista, na qual o aluno toma parte ativa na construção do conhecimento, transformando-o e assimilando-o por meio de três sistemas de representação. No primeiro, denominado representação ativa, a primeira inteligência prática surge e desenvolve-se como consequência do contato da criança com os objetos e com os problemas de ação que o meio lhe oferece; na segunda, chamada de representação icônica, a representação de coisas decorre por meio de imagens que ainda dependem de uma ação concreta e, finalmente, na terceira, denominada de representação simbólica, a criança consegue representar as coisas por símbolos, abstratamente, sem a necessidade de usar ação ou imagens, e já está apta a traduzir a experiência em linguagem e a receber mensagens verbais do adulto.

Bruner defende que todas as crianças nascem com o "desejo de aprender". Entretanto, esse desejo só é mantido se houver motivação. Ele acredita no poder do reforçamento nas fases iniciais de algumas aprendizagens, mas que isso deve ser transitório.

Também defende que qualquer matéria pode e deve ser organizada de maneira tal que possa ser transmitida e entendida por qualquer aprendiz. Por outro lado, a escolha adequada da sequencia em que os conteúdos vão ser ensinados é de fundamental importância para se determinar qual o grau de dificuldade existente em cada assunto para cada tipo de aluno.

Finalmente, Bruner acredita que, para que ocorra uma aprendizagem, sobretudo nas etapas iniciais de um aprendizado, é importante reforçar o processo, sobretudo mostrando ao aluno como ele vai indo e corrigindo possíveis erros. Contudo, Bruner defende que com o passar do tempo o aprendiz deve se tornar autossuficiente, não precisando mais de reforçamento.

Embora Bruner defenda a aprendizagem por descoberta, ele afirma que esta não é a única forma de aprendizagem, pois os estudantes não podem descobrir por si mesmos, as soluções para todos os problemas, já que isso seria impraticável. Nesse ponto incidem a maioria das críticas aos conceitos teóricos de Bruner, ou seja, a sua impraticabilidade nas escolas.

2.7 A aprendizagem significativa de Ausubel

David Paul Ausubel nasceu em Nova York, nos Estados Unidos, em 1918, formou-se em psicologia e contribuiu para a Educação, desenvolvendo conceitos teóricos que passaram a ser conhecidos como teoria da assimilação ou teoria da aprendizagem significativa.

Na verdade, esta poderia ser considerada um tipo de teoria cognitivista que procura explicar os mecanismos internos que ocorrem na mente humana com relação ao aprendizado e à estruturação do conhecimento com alguns pontos similares às ideias de Piaget, mas que em outros se diferenciam bastante.

Diversamente de Piaget, cujo foco principal de pesquisa não era a aprendizagem que ocorria na sala de aula, Ausubel concentra-se principalmente numa proposta específica e concreta para o cotidiano escolar. Acredita no valor da aprendizagem por descoberta, mas, curiosamente e distintamente de Bruner, valoriza a aula do tipo expositiva que, ao ser centralizada no professor, pouco privilegia as interações entre os aprendizes.

Segundo Ausubel, a estrutura cognitiva é o conteúdo total e organizado de ideias de um dado indivíduo; estas permanecem extremamente organizadas, hierarquizadas e encadeadas conforme a relação que se estabelece entre elas. Além disso, é nessa estrutura que se ancoram e se reordenam novos conceitos que o aprendiz vai progressivamente internalizando, aprendendo.

Portanto, a aprendizagem consiste na ampliação desta estrutura cognitiva, por meio da incorporação de novas ideias a ela e dependendo do tipo de relacionamento que se tem entre as já existentes nessa estrutura e as novas que sendo internalizadas, pode ocorrer um aprendizado que variará do mecânico ao significativo.

A aprendizagem significativa tem lugar quando as novas ideias vão se relacionando de forma lógica, explícita e substantiva com as já existentes na estrutura cognitiva do indivíduo.

Para a aprendizagem ser considerada substantiva, o que tiver sido aprendido desta forma pelo indivíduo, este conseguirá explicá-lo com as suas próprias palavras. A substantividade do aprendizado significa que o aprendiz apreendeu o sentido, o significado daquilo que se ensinou, de modo que pode expressar este significado com as mais diversas palavras.

Para Ausubel, o objetivo maior do ensino é que todas as ideias sejam aprendidas de forma significativa. Isso porque somente assim que estes novos saberes serão "armazenados" por mais tempo e de maneira estável. Além disso, a aprendizagem significativa permite ao aprendiz o uso do novo conceito de forma inédita, independentemente do contexto em que este conteúdo foi primeiramente aprendido.

Por outro lado, o extremo oposto da aprendizagem significativa é a aprendizagem mecânica. Nesse caso, as novas ideias não se relacionam de forma lógica e clara com nenhuma já existente na estrutura cognitiva do sujeito, e sim, são simplesmente decoradas. Dessa maneira, elas são armazenadas de forma arbitrária, o que não garante flexibilidade no seu uso, nem longevidade. Como consequência dessa baixa flexibilidade, o indivíduo não é capaz de expressar o novo conteúdo com linguagem diferente daquela com que esse material foi primeiramente aprendido. De fato, ele não aprendeu o significado, o sentido do novo material, mas tão somente decorou a sequência de palavras que o definia. Por conta disso, ele será incapaz de utilizar este conhecimento em contexto diferente daquele no qual fora primeiramente apresentado a esses conceitos.

Apesar de Ausubel ter enfatizado sobremaneira a aprendizagem significativa, ele compreendia que no processo de ensino-aprendizagem existem circunstâncias em que a aprendizagem mecânica será inevitável.

No processo de ensino-aprendizagem, existem três fatores relativos à estrutura cognitiva do indivíduo e que devem ser considerados. O primeiro é a prévia existência nessa estrutura cognitiva de uma ideia âncora à qual pode se conectar, por subordinação, superordenação ou de forma combinatória, uma nova ideia que se deseja ensinar. O segundo fator é a extensão em que a tarefa que se deseja assimilar seja discriminável das ideias que lhe servirão de âncora. Ou seja, pode ser que ideias âncoras, sobre as quais as novas serão internalizadas, estejam muito próximas, de modo que o aprendiz possa confundi-las, misturá-las ou até reduzi-las para outra ideia. O terceiro fator e a clareza e a firmeza das ideias âncoras são quem determinam o nível e a estabilidade do aprendizado da nova ideia. Caso aquilo que se utilizou como âncora não seja suficientemente sólido para o aprendiz, pode acontecer que tanto a âncora quanto o ancorado se percam ou não se discriminem de forma adequada.

O mais relevante é a motivação do aluno para aprendizagem significativa. Mesmo que o material seja potencialmente significativo para o aprendiz, ele simplesmente pode optar por decorá-lo, desenvolvendo o aprendizado mecânico. Vários fatores podem levar o estudante a esse tipo de postura, desde o fato de estar acostumado com aulas e avaliações que exigem respostas idênticas a um gabarito pouco flexível e alheio às suas características individuais até o fato de não ter tempo, estímulo ou material adequado para uma aprendizagem significativa.

O material adequado é potencialmente significativo, quando, satisfeitas as condições internas, ele possibilitar a aprendizagem significativa do aluno.

No processo de elaboração desse material, Ausubel propõe utilizar a facilitação pedagógica, que consiste na manipulação da estrutura cognitiva do aluno, favorecendo o aprendizado significativo, como o uso de organizadores prévios, que são materiais introdutórios destinados a facilitar a aprendizagem de tópicos específicos ou conjunto de ideias consistentemente relacionadas entre si. A função do organizador prévio é potencializar a criação de relações substantivas entre os novos conceitos e as ideias que lhes servirão de âncora na estrutura cognitiva do aluno.

Os conceitos teóricos de Ausubel são bem abrangentes e completos para uso em sala de aula por estarem, realmente, focados no processo de ensino e aprendizagem, e não apenas nos fenômenos comportamentais ou psicológicos.

Ao defender que o fator mais importante de aprendizagem é o que o aluno já sabe e que, para que ela ocorra, conceitos relevantes e inclusivos devem estar previamente claros e disponíveis na estrutura cognitiva do indivíduo, como ponto de ancoragem, Ausubel demonstra mais interesse em saber como os indivíduos aprendem por meio de apresentações verbais ou textuais no contexto da Educação Escolar.

2.8 O humanismo de Rogers

Carl Rogers nasceu em Chicago, nos Estados Unidos, em 1902, e faleceu em 1987. Graduou-se em História pela Chicago University em 1924 e doutorou-se em Psicologia Educacional pela Columbia University em 1931.

As ideias de Rogers para Educação são uma extensão de sua teoria como psicólogo, em sua forma de trabalho; vale-se da psicologia não diretiva, centrada no cliente, cabendo a este seu sucesso relativo ao tratamento. Nesta perspectiva o terapeuta é o facilitador do processo.

No que diz respeito à Educação, Rogers, diz que o processo se assemelha, cabendo ao professor o mesmo papel do terapeuta e ao aluno o de cliente. Deste modo o professor tem como tarefa facilitar o processo de educação que o aluno conduz de seu modo.

Esse conceito teórico de Rogers por se basear em uma concepção otimista de homem, ficou conhecido como humanista, pois, segundo esses princípios, o desenvolvimento das habilidades pessoais e a sanidade mental são características do desenvolvimento humano,

Em 1969, Rogers apresentou os 10 itens que compunham a sistematização dos seus pressupostos teóricos envolvidos na aprendizagem significativa. Esses itens estão descritos e ordenados a seguir.

1) Os seres humanos têm uma potencialidade natural para aprender;
2) A aprendizagem significativa ocorre quando o aluno percebe o conteúdo como relevante para seus objetivos;
3) A aprendizagem que envolve mudança na organização do eu, na percepção de si, é ameaçadora e tende a provocar resistência;
4) As aprendizagens ameaçadoras ao eu são mais facilmente percebidas ou assimiladas quando se reduzem ao mínimo as ameaças externas;
5) Quando é pequena a ameaça ao eu, é possível perceber a experiência de forma diferenciada e a aprendizagem pode prosseguir;
6) Boa parte da aprendizagem significativa é adquirida por meio da ação;
7) A aprendizagem é facilitada quando o aluno participa de seu processo de forma responsável;
8) A aprendizagem iniciada pelo próprio aluno e que envolve toda a sua pessoa – sentimentos e intelecto – é a mais abrangente e duradoura;
9) Independência, criatividade e autoconfiança são facilitadas quando são básicas a autocrítica e a autoavaliação, e de importância secundária a avaliação dos outros;
10) A aprendizagem socialmente mais útil no mundo moderno é a do processo de aprender, uma abertura contínua à experiência, uma incorporação do processo de mudança.

Rogers não elaborou métodos pedagógicos próprios, nem apresentou técnicas que se adaptassem a sua orientação; contudo, seus conceitos teóricos são interessantíssimos, mas infelizmente são difíceis de colocar em prática na Educação Escolar.

2.9 A teoria cognitiva de Bandura

O psicólogo Albert Bandura, nascido em 1925, no Canadá, desenvolveu a Teoria Cognitiva, também conhecida como Teoria Social Cognitiva.

Seguindo uma linha behaviorista, seus trabalhos inicialmente tinham por objetivo observar o comportamento dos indivíduos durante uma interação; contudo, não enfatizava a importância da recompensa ou do reforço na aquisição ou modificação do comportamento.

A proposta de trabalho proposto por Bandura era focado no aspecto cognitivo; entretanto, por ser uma teoria behaviorista, acabava por evidenciar algumas influências dos esquemas de reforço externo dos processos de pensamento, tais como crenças, expectativas e instrução.

Para Bandura, respostas comportamentais não são disparadas automaticamente por um estímulo externo, como em uma máquina ou em um robô, e sim, ao contrário, as reações aos estímulos são iniciadas conscientemente pela própria pessoa.

Quando um reforço externo altera o comportamento, é porque a pessoa tem consciência da resposta que está sendo reforçada e antecipa a recepção do mesmo reforço ao repetir o comportamento da próxima vez em que a situação ocorrer.

Embora concordasse com Skinner a respeito da possibilidade de mudar o comportamento humano por meio do reforço, demonstrou, na prática, a capacidade de as pessoas aprenderem quase todos os tipos de comportamento sem receberem diretamente qualquer reforço.

Para Bandura, não é necessário receber frequentemente um reforço para se aprender algo. A aprendizagem também ocorre por meio de reforço vicário, ou seja, mediante a observação do comportamento de outras pessoas e de suas consequências.

Bandura procurou confirmar tal teoria ao fazer um experimento com um joão-bobo. Três grupos de crianças foram submetidos a um tipo de filme para cada grupo, no qual adultos agrediam os bonecos. Apenas o final de cada um dos filmes é que era diferente. No primeiro filme, apresentado apenas para um determinado grupo de crianças, o adulto era recompensado ao final. No segundo filme, apresentado para outro grupo, o adulto era punido e, no terceiro filme, o adulto não sofria nenhuma consequência.

Depois da exibição, todas as crianças foram colocadas em uma sala onde podiam ser observadas sem perceberem. Na sala havia diferentes brinquedos, dentre eles o joão-bobo. Relatou-se que o grupo que viu o adulto sendo recompensado tendia a repetir com maior frequência as agressões quando comparado aos dois últimos grupos. Provando-se, assim, que o juízo que fazemos de certos comportamentos são determinantes para resposta a determinados estímulos.

Bandura destaca em seus estudos a existência do que ele chamou de determinismo recíproco, ou seja, tanto o meio quanto o indivíduo, transformam ou causam efeitos um no outro. Finalmente, ressaltamos que grande parte seu trabalho foi desenvolvido estudando a motivação individual, e o que ele denominou de sentimento de autoeficácia, comprovando que a percepção de um grupo competente tornava a equipe mais eficaz do que um grupo que se percebesse incompetente mesmo com desempenhos individuais semelhantes entre os grupos.

2.10 O construcionismo de Seymour Papert

Seymour Papert, nascido em 1928 na África do Sul, tornou-se matemático e educador nos Estados Unidos e propôs uma teoria relacionada à construção do conhecimento.

Sua proposta, denominada construcionismo, baseia-se na realização de uma ação concreta que resulte em um produto palpável, desenvolvido com auxílio de ferramentas computacionais, que seja de interesse de quem o produz, podendo ser um desenho, um texto, um áudio, um mapa conceitual, uma apresentação em slides ou até a participação em um jogo, desde que tenha vínculo com a realidade da pessoa ou com o local onde será produzido ou utilizado.

Antes de propor a teoria do construcionismo, Papert trabalhou por cinco anos com Piaget, no Centro de Epistemologia Genética, na Suíça. Esse convívio profissional certamente contribuiu para sua compreensão do desenvolvimento humano e o inspirou no desenvolvimento da nova proposta, baseado em parte na psicologia genética de Piaget, na qual o desenvolvimento cognitivo é um processo de construção e reconstrução das estruturas mentais.

Os mecanismos de assimilação e acomodação foram introduzidos por Piaget como pressupostos para a construção do conhecimento; a assimilação está ligada à ação do sujeito sobre um objeto, num processo no qual ele incorpora novas informações às já existentes e a acomodação é um movimento em que o sujeito modifica suas estratégias de ação em função de novas experiências, gerando, portanto, novas estruturas cognitivas.

Papert se apropriou desses mecanismos para o desenvolvimento da sua proposta e, semelhantemente ao pensamento piagetiano, defendeu que o sujeito aprende ao realizar reflexões sobre sua ação, ou seja, o sujeito apropria-se de sua própria ação, analisa-a, retira elementos de seu interesse e a reconstrói em outro patamar. Exatamente nesse ponto, a teoria da aprendizagem de Piaget influencia a proposta de Papert, ao inserir os conceitos teóricos, descritos acima, em um ambiente informatizado.

Em um processo no qual o sujeito é ativo na construção de seu conhecimento, como é o caso da programação de computadores, na qual se deseja que a criança, ao agir, o faça de forma consciente. Ou seja, esse sujeito não deve ser apenas um executor de tarefas; ao contrário, deve compreender aquilo a que se propõe a realizar.

Portanto, o construcionismo proposto por Papert se baseia nas resultantes oriundas de uma interação aluno-objeto, mediada por uma linguagem de programação. A implementação desta proposta construcionista remonta à década de 1960, quando ele, junto a sua equipe no MIT, pensou em elaborar um software educacional que possibilitasse o uso do computador como ferramenta de construção do conhecimento por parte de seus usuários.

Esse software foi concebido no formato de uma linguagem de programação bastante lúdica denominada Logo, nome que referencia o termo grego que significa "pensamento, raciocínio, razão, cálculo e linguagem". O ambiente visual do Logo é caracterizado pela presença de uma tartaruga gráfica que responde aos comandos digitados pelo usuário; a maioria destes se referem a desenhar, pintar ou trabalhar com textos.

Como a linguagem da programação feita com o Logo é interpretada e interativa, o resultado é mostrado imediatamente após digitar-se o comando, incentivando assim o aprendizado. Ao usar esses recursos a criança aprende com seus erros, vivenciando e tendo que repassar suas experimentações e o que deseja fazer para o Logo, ou seja, se algo está errado em seu raciocínio, isto é claramente percebido e demonstrado na tela, fazendo com que o aprendiz pense sobre o que poderia estar errado e tente, a partir dos erros vistos, encontrar soluções corretas para os problemas.

O construcionismo de Papert é fruto de um desejo pessoal em promover um processo de aprendizagem rico de significados para os sujeitos que dele participam. Interesses, reflexão, desenvolvimento crítico, criatividade e colaboração são importantes elementos presentes na abordagem construcionista de Papert que, inseridas e contextualizadas ao uso do computador, configuram uma alternativa interessante aos diversos processos de transmissão de conhecimento presentes no contexto da Educação Escolar.

Vamos recapitular?

O comportamentalismo ou behaviorismo metodológico possui forte caráter empirista e teve seu conceito pioneiramente construído por John B. Watson (1878-1958).

Pavlov postulou que o reflexo condicionado teria um papel importante no comportamento humano e, consequentemente, na educação, fornecendo assim as bases para que John Watson fundasse o comportamentalismo (ou behaviorismo) no mundo ocidental.

Para Thorndike, na Educação Escolar é preciso sempre praticar para melhorar o desempenho do estudante, e aí entra a sua segunda lei, denominada Lei da Prontidão, que determina que é necessário existir agilidade, orientação e predisposição no processo para que se concretize satisfatoriamente uma ação desejada.

Para Ausubel, o objetivo maior do ensino é que todas as ideias sejam aprendidas de forma significativa. Isso porque somente assim esses novos saberes serão "armazenados" por mais tempo e de maneira estável. Além disso, a aprendizagem significativa permite ao aprendiz o uso do novo conceito de forma inédita, independentemente do contexto em que esse conteúdo foi primeiramente aprendido.

As ideias de Rogers para Educação são uma extensão de sua teoria como psicólogo; em sua forma de trabalho, vale-se da psicologia não diretiva, centrada no cliente, cabendo a este seu sucesso relativo ao tratamento. Nessa perspectiva o terapeuta é o facilitador do processo.

Agora é com você!

1) Descreva os 10 itens que compunham a sistematização dos pressupostos teóricos envolvidos na aprendizagem significativa, apresentados por Rogers.

2) O psicólogo Albert Bandura desenvolveu a Teoria Cognitiva, também conhecida como Teoria Social Cognitiva. De acordo com esse autor, como se dá a relação entre o esforço externo e a aprendizagem?

3) Seymour Papert tornou-se matemático e educador nos Estados Unidos, e propôs uma teoria relacionada à construção do conhecimento. Como o sujeito aprende, sob a ótica dessa Teoria?

4) Com o objetivo de praticar o que foi abordado nesse capítulo, sugerimos que você crie uma monografia, resenha ou texto que sintetize as teorias de aprendizagem estudadas.

3

Estratégias Docentes Eficientes

Para começar

Neste capítulo serão descritas e explicadas algumas estratégias docentes, justificadas pela intersecção de conhecimentos específicos de diferentes áreas, como a neurociência, a psicologia da Educação e de algumas Teorias de Aprendizagem.

A partir dessas correlações, serão descritas algumas práticas docentes aplicadas em sala de aula que se mostram eficientes, com as respectivas explicações e justificativas para a compreensão desta eficiência no processo de aprendizagem. Também serão exemplificadas e descritas algumas vantagens e limitações do uso de novas tecnologias no ambiente escolar.

O capítulo se encerra com reflexões sobre a importância e modelo do trabalho docente no atual contexto educacional.

3.1 Pode a neurociência embasar teorias da aprendizagem?

Quando o monge Gregor Johann Mendel formulou, em 1865, as leis da hereditariedade, tirando suas próprias conclusões sobre seus resultados dos diferentes cruzamentos de ervilhas, teve, na época, pouco embasamento científico para confirmar suas hipóteses ou até uma possível teoria sobre como ocorria a transmissão dos caracteres hereditários nos seres vivos.

Mesmo assim, apresentou na Sociedade de História Natural de Brno, as duas regras básicas que regem a hereditariedade, que atualmente são cientificamente inquestionáveis e reconhecidas, sendo também conhecidas como as "leis de Mendel".

Contudo, na época, apesar da divulgação dos resultados das suas pesquisas, não houve unanimidade no reconhecimento dessas leis pela comunidade científica. Somente alguns anos depois, os novos conhecimentos na área molecular confirmaram suas ideias e ele passou a ser reconhecido e considerado como o pai da Génetica moderna.

Apesar dos pressupostos teóricos de Mendel, na época, serem bastante pertinentes, apenas em 1953 os cientistas James Watson e Francis Crick, auxiliados pela pesquisadora e biofísica Rosalind Franklin, trabalhando com equipamentos sofisticados na área da Biologia Molecular conseguiram revelar a estrutura do ácido desoxirribonucleico (DNA) presente nos cromossomas. A partir daí a comunidade científica pode efetivamente obter uma plena compreensão de como se transmite a informação hereditária, da forma como foi sugerida por Mendel no século anterior.

Inserimos, no início desse capítulo, o exemplo histórico acima descrito para mostrar que, muitas vezes, os saberes de áreas distintas se complementam para explicar, validar ou até justificar posteriormente pressupostos teóricos aparentemente exclusivos de determinado segmento.

Assim, possivelmente, muitas das ideias clássicas de diferentes teóricos da aprendizagem podem ou não atualmente serem embasadas pelos novos conhecimentos emergentes de outras áreas, como a neurociência e a psicologia.

Para exemplificar esses novos caminhos, que diretamente podem afetar a Educação Escolar, vamos descrever alguns desses novos conhecimentos na área da Neurociência e seus possíveis desdobramentos na eficiência da aprendizagem.

Fique de olho!

Recentemente, foi descoberto, em determinadas regiões do cérebro, mais especificamente no córtex pré-motor e no lobo parietal inferior, um tipo de célula nervosa que foi denominada neurônio espelho.

O neurônio espelho possui uma atividade interessante que difere de outras células nervosas presentes no cérebro. Ele é ativado quando o indivíduo realiza uma determinada ação ou quando ele apenas observa outro indivíduo fazendo o mesmo ato. Dessa forma, a região cerebral composta por esse tipo de neurônio mentalmente imita o comportamento de outra pessoa como se estivesse, ela própria, realizando essa ação.

Seguramente, a atividade desse tipo de célula nervosa é uma das descobertas mais importantes da neurociência da última década, pois possui importância crucial na imitação, na transmissão da cultura e na aquisição da linguagem, apesar de ainda não se saber explicar conclusivamente como esse processo ocorre.

Isto explica porque sorrimos naturalmente quando vemos alguém sorrir para nós, ou porque choramos quando observamos alguém chorando, ou quando vemos alguém se machucar em determinadas regiões do corpo e contraímos nossos músculos em áreas assemelhadas do próprio corpo, ou bocejamos quando olhamos continuamente alguém bocejar.

Essa característica dos neurônios espelhos de ensaiar ou imitar mentalmente as ações que observamos fazem dessas células cerebrais, estruturas essenciais no aprendizado de atitudes e ações, como conversar, caminhar ou dançar, pois permitem que os indivíduos executem diversas atividades sem necessariamente ter que pensar nelas. Apenas as realizam acessando o seu próprio banco de memória, que foram produzidos por essas regiões cerebrais.

Os neurônios espelhos foram descobertos, por acaso, pelo neurocientista Giacomo Rizzolatti, da Universidade de Parma, na Itália, quando este monitorava, em macacos, a ativação dos neurônios responsáveis pelos movimentos e suas respectivas localizações no cérebro do primata.

Para fazer isso, o cientista colocou eletrodos na cabeça dos macacos cobaias para acompanhar essa atividade neuronal específica e, cada vez que o primata executava uma tarefa, os neurônios no córtex pré-motor, nos lobos frontais eram ativados e o monitor apitava.

Em um determinado momento, quando o macaco estava imóvel, um aluno entrou no laboratório, levou um sorvete à boca e o monitor apitou, para surpresa dos cientistas. A partir daí, sempre que a cobaia assistia o experimentador ou outro macaco repetir essa cena com outros alimentos, os seus neurônios, responsáveis pelos movimentos, eram ativados e o monitor disparava.

Posteriormente, exames de neuroimagem demonstraram que os humanos possuem neurônios semelhantes, porém, muito mais complexos que os dos macacos. A equipe do neurocientista Giovanni Buccino, da Universidade de Parma, usou Ressonância Magnética Funcional (RMF) para medir a atividade cerebral de voluntários enquanto eles assistiam a um vídeo que mostrava sequências de movimentos de boca, mãos e pés.

Dependendo da parte do corpo que aparecia na tela, o córtex motor dos indivíduos observados se ativava com maior intensidade na região cerebral que correspondia à parte do corpo que aparecia em movimento no filme em questão, ainda que eles se mantivessem absolutamente imóveis. Ou seja, o cérebro humano associa a visão de movimentos de seus pares ao planejamento mental de seus próprios movimentos. Portanto, os neurônios espelhos compõem um mecanismo chave para a aprendizagem.

Um exemplo disso é que, desde bebês, somos capazes de imitar expressões faciais dos adultos e instintivamente reproduzimos caras e bocas. Isso acontece porque os neurônios espelhos começam a funcionar logo no início da primeira infância.

Portanto, não reclame do comportamento do seu filho ou de seu aluno sem refletir sobre a sua origem, pois o modelo comportamental dele pode, inclusive, estar sendo parcialmente copiado de você.

Por outro lado, considerando que seriam os familiares e os amigos as pessoas que mais contribuem para estimular essas áreas nas crianças, começamos a compreender porque os bebês repetem nossas expressões e ações desde a tenra idade, como quando sorriem para nós quando sorrimos para eles, quando fazem careta quando fazemos esse tipo de expressão facial, ou quando nos acenam quando acenamos para eles.

Essas atividades nas regiões cerebrais compostas pelos neurônios em espelho perduram por toda a vida e esse processo de imitação mental à ação observada atua continuamente; contudo, a partir do amadurecimento da região pré-frontal, as ações físicas propriamente ditas no adulto passam a ser mais bem controladas e nem sempre são fisicamente repetidas de imediato pelo indivíduo. Porém, mesmo na fase adulta, por exemplo, ao observarmos seguidamente alguém bocejar, é comum bocejarmos também de forma instintiva e involuntária, em virtude da ação destas regiões cerebrais.

Na prática, isso pode explicar a manutenção de alguns comportamentos sociais e da reprodução de alguns aspectos indesejáveis na cultura vigente e até na escola, que são qualificados simploriamente pela sociedade como "falta de educação".

Por exemplo, uma criança que desde a mais tenra idade observa seus pais descartando lixo na rua provavelmente reproduzirá essa ação de forma natural e seguramente continuará a fazê-lo na idade adulta, oferecendo esse modelo de comportamento para novas crianças, reproduzindo continuamente este conduta social.

Então como nós podemos esperar que uma criança manuseie livros ou cresça apreciando a leitura, se ela nunca viu seus pais fazendo isso? Ou seja, se seus neurônios espelhos não foram estimulados adequadamente por ações relacionadas com a leitura, muito provavelmente essas atividades pouco serão reproduzidas ou mesmo reconhecidas como prazerosas durante a sua vida, caso não haja nenhuma intervenção neste sentido.

A partir daí, também podemos compreender a resiliência que muitos alunos desenvolvem em relação a algumas situações de risco. Por exemplo, como podemos simplesmente criticar uma criança que desrespeita sinais de trânsito e atravessa a rua se esquivando dos carros em movimento, se este foi o modelo que seus neurônios em espelho observaram durante tanto tempo sendo feito pelos adultos ao seu entorno?

Como se indignar ao ver uma criança falando "palavrões" como se fossem simples interjeições inseridas na sua verbalização coloquial, se desde cedo ela observa seus familiares ou seus pares se relacionando com ela, naturalmente, usando termos dessa natureza?

Da mesma forma, como ficar surpreso quando uma criança ofende alguém, se ela cresceu, tendo seus próprios neurônios espelhos sendo estimulados e observando ela própria sendo chamada de "pestinha", "chata", "lerda", "burra", "idiota" ou outro adjetivo agressivo, mesmo que estes tenham sido ditos "de brincadeira" pelos seus familiares?

Fique de olho!

Outra curiosidade interessante sobre as atividades dessas regiões cerebrais é que se acredita que, por estarem intimamente ligadas às áreas de interpretação dos estímulos visuais, seriam estes estímulos os componentes fundamentais para a sua maior ativação.

Se é o sentido da visão o maior fator de ativação desse tipo de célula nervosa, podemos inferir que, ao se olhar diretamente nos olhos de uma criança ou de qualquer outra pessoa, enquanto se executa uma determinada ação, isto seria uma excelente estratégia para se obter sua atenção de forma sustentada e também para que seu cérebro reproduza mentalmente a atividade observada e ele a compreenda melhor e, por fim, aprenda a reproduzi-la. Ou seja, isso é um forte componente que atua no processo da aprendizagem.

Sabemos que há muito tempo, na prática, é isso que ocorre de forma natural e instintiva, quando alguém se propõe a ensinar algo para outro. A diferença é que, agora, a neurociência começa a explicar como isso acontece e, principalmente, por que é uma estratégia de aprendizagem tão eficaz.

O aspecto negativo é que, provavelmente, uma criança pode apreender valores morais distorcidos na própria convivência familiar ou na escola, assim como modelar parcialmente seu comportamento a partir dos estímulos que seus neurônios em espelho receberão durante a sua infância e até no próprio ambiente escolar.

Os neurônios espelhos são importantíssimos pela transmissão da cultura e principalmente pela aprendizagem. Se relembrarmos alguns conceitos defendidos por importantes teóricos de aprendizagem, que se basearam na reprodução de ações, perceberemos a importância desses novos conhecimentos para solidificar ou até questionar as conclusões de alguns destes teóricos.

Por exemplo, Bandura defendia que as respostas comportamentais são reações aos estímulos externos automáticos, mas que em alguns casos até podem ser iniciadas conscientemente pela própria pessoa. Para ele a aprendizagem ocorre por meio de reforço vicário, ou seja, mediante a observação do comportamento de outras pessoas e de suas consequências, tentou confirmar essa teoria com o clássico experimento usando um boneco joão-bobo.

Bandura concluiu que seria o juízo que os indivíduos fazem de certos comportamentos é o que determina a resposta a determinados estímulos. Contudo, atualmente já poderíamos afirmar que, possivelmente, existe um componente que era desconhecido pelo pesquisador na época: a ativação dos neurônios espelhos, um importante determinante para explicar parcialmente a resposta ao estímulo oferecido.

Da mesma forma, o que ele denomina determinismo recíproco nada mais é do que o reflexo da ativação dos neurônios espelhos que o meio provoca no indivíduo e deste nos outros indivíduos ao seu entorno.

Amplie seus conhecimentos

Para aprender sobre os neurônios espelhos, sua pesquisa em macacos e sua capacidade, leia mais em: <http://www2.uol.com.br/vivermente/reportagens/a_imitacao_pode_curar.html>, http://www.mackenzie.br/fileadmin/Pos_Graduacao/Editais/Neuronios_espelho.pdf> e <http://www.jornaldaciencia.org.br/Detalhe.jsp?id=34918>.

Rogers ao apresentar fatores que sistematizam seus pressupostos teóricos envolvidos na aprendizagem significativa, indicou que o indivíduo possui um potencial natural para aprender ao observar e atuar, mas, para que isso ocorra, ele precisa identificar relevância no conteúdo ministrado e correlacioná-lo com os seus objetivos.

Certamente, hoje podemos inferir que nesse processo existe um componente adicional que era desconhecido na época, ou seja, para que esse modelo de aprendizagem significativa, defendida por Rogers, ocorra, é necessário que os aprendizes acessem, durante o processo, o próprio banco de memória, que é continuamente alimentado pelas cotidianas ativações dos seus próprios neurônios espelho na observação do seu entorno.

Ausubel, ao propor o uso de organizadores prévios para favorecer o aprendizado significativo, na realidade sugere que a criação das relações subsequentes entre esses conceitos prévios que são experimentados e compartilhados com os novos saberes fornecerá uma base bem consistente para que a aprendizagem ocorra na área cognitiva do aluno.

Então, também nesse contexto, dificilmente podemos imaginar que os neurônios espelho não exerçam um papel relevante nesse processo, principalmente ao focarmos que Ausubel defende que os alunos aprendam por meio da emissão e recepção de variadas apresentações verbais ou textuais no contexto da Educação Escolar.

Bruner, em sua concepção construtivista, destacou que a inteligência prática da criança primariamente se desenvolve como consequência do contato da criança com os objetos e com os problemas de ação que acontecem à sua volta e, por via de regra, temos que reconhecer que isto é executado ou patrocinado por terceiros que, geralmente, são observados pela criança.

Este cenário habilita, posteriormente, ao aprendiz traduzir essas experimentações em linguagens e a receber e compreender mensagens verbais ou corporais emitidas tanto pelo adulto quanto pelos seus pares. Logo, para ocorrer essas trocas, atualmente sabemos que as áreas cerebrais onde se localizam os neurônios espelhos fisiologicamente serão continuamente estimuladas durante todo o desenvolvimento deste processo.

Ao analisarmos o próprio conceito teórico criado por Vygostky, denominado Zona de Desenvolvimento Proximal (ZDP), que admite ser necessário submeter a criança a uma educação em que o ambiente escolar provoque nela uma constante reestruturação no seu aprendizado baseado nas suas relações sociais, também está inserido, nesse contexto, a atuação dos neurônios espelho.

Segundo Vygotsky, o aprendiz, ao ser trabalhado em sua ZDP, com a colaboração e interação de um adulto, apreende com maior facilidade o que seria pouco capaz de conseguir sozinha. Certamente serão inúmeras as possíveis contribuições que um adulto pode oferecer à criança na ZDP, destacando-se entre elas as suas ações e principalmente o seu estímulo para que ocorra a colaboração do aprendiz nas atividades compartilhadas com outros alunos.

Portanto, isso significa propiciar, da melhor forma possível, a ativação dos neurônios espelho, reconhecendo que estes serão importantes fatores na contínua reconstrução que ocorrerá na ZDP resultando no desenvolvimento gradativo do aprendiz.

Do mesmo modo, quando Piaget defendeu em sua teoria construtivista que a construção do conhecimento ocorre quando as ações físicas ou mentais provocam um desequilíbrio, que resultam na acomodação e assimilação dessas ações, ao nível cognitivo e conforme a faixa de desenvolvimento de cada criança, sabemos hoje que a ação dos neurônios espelhos estará presente e atuante nesse processo em qualquer uma das etapas do desenvolvimento, formuladas por Piaget.

No primeiro estágio do desenvolvimento infantil proposto por Piaget, denominado estágio sensório motor, que dura, aproximadamente, até os dois anos de idade, a atividade intelectual da criança é basicamente de natureza sensorial e motora.

Se considerarmos que os neurônios espelho dela, nesta tenra idade, já estão em plena atividade e segundo a teoria piagetiana, a manipulação direta sobre os brinquedos e objetos serão a base da sua atividade intelectual futura, facilitando inclusive a passagem de um estágio de desenvolvimento para o outro subsequente; então brincar com a criança torna-se uma ação absolutamente necessária para o desenvolvimento infantil.

Sabemos que a linha construtivista piagetiana preconiza que a criança deve e precisa praticar muitas manipulações com objetos lúdicos para fazer suas descobertas e experimentações e com isso moldar o seu próprio desenvolvimento, o que aos olhos da neurociência significa construir novas conexões neuronais, também chamadas de sinapses, que serão a base do seu desenvolvimento cognitivo.

Portanto, reflita. Dar um brinquedo para uma criança de tenra idade não significa, necessariamente, que ela manterá o seu interesse por muito tempo na exploração desse objeto, caso o adulto ou outra criança não o manipule junto com ela.

Por exemplo, se você der um brinquedo para uma criança e em seguida manipular ou utilizar outro objeto, como um telefone celular ou um tablet, você perceberá que em poucos minutos ou segundos ela se desinteressará pelo brinquedo dado e voltará seu interesse para o objeto que você estiver manipulando, isso porque é a sua atividade que estará estimulando os neurônios espelho dela. Então, se o seu objetivo for estimular o desenvolvimento infantil, seguindo os preceitos da teoria de Piaget, não dê brinquedos apenas; brinque junto com a criança.

Com certeza, vemos já há algum tempo a aplicação prática desses novos conhecimentos sobre os neurônios espelhos sendo aplicados em sala de aula de forma muito intuitiva pelo professor.

De fato, quando um docente ministra uma aula sorrindo simpaticamente e olhando constantemente nos olhos dos alunos, geralmente, a turma se descontrai, fica mais alegre e às vezes se torna até mais receptiva. Por outro lado, quando ele imprime um ritmo mais formal mantendo seu semblante sério, olhando sisudamente para os estudantes o tempo todo, provavelmente a turma corresponderá da mesma forma, tensa, quieta e bem mais formal.

Todos nós, temos em nossas lembranças a imagem da atuação desses diferentes estilos de professores, assim como vemos atualmente, em nosso ambiente escolar, diversos docentes atuando de forma semelhante às nossas lembranças.

Não queremos aqui ter a pretensão de determinar qual a postura do professor, em sala de aula, será mais eficiente no processo de aprendizagem, mas sim mostrar que o conhecimento sobre o efeito da ativação dos neurônios espelhos nos alunos pode ser uma ferramenta muito interessante a ser usada pelo docente.

De uma forma muito mais abrangente, podemos considerar que o conhecimento e principalmente o uso destes saberes, tanto no ambiente escolar quanto na sociedade em geral, é fundamental para determinar a transmissão da cultura para as próximas gerações e até para a qualidade de vida futura de nossa sociedade.

Ou seja, considerando que cada criança será um adulto amanhã e, por conseguinte, oferecerá seus próprios modelos comportamentais para novas crianças, percebe-se que soluções de problemas nessa área assumem uma amplitude exponencial e de complexidade muito maior do que poderíamos inicialmente mensurar.

Isso não significa que os neurônios espelhos são os únicos e grandes responsáveis pelos atuais problemas de aprendizagem, comportamentos sociais ou padrões culturais de nossa sociedade, mas a partir da sua descoberta algumas reflexões poderão ser feitas, tanto pelos pais quanto pelos educadores, já que mudanças individuais, em médio prazo, serão refletidas em alterações benéficas que também poderão assumir uma amplitude exponencial bastante positiva para a sociedade como um todo.

Para enriquecer essas reflexões, algumas sugestões bem simples, nesse momento, seriam pertinentes e deveriam ser praticadas e testadas tanto por pais quanto por professores: se você quiser receber sorrisos de uma criança, então sorria para ela com mais frequência e, se você quiser receber a sua atenção, então ofereça mais a sua atenção de forma sincera. Converse bastante e, principalmente, escute com paciência e real interesse, olhando-a nos olhos quando falar ou quando quiser explicar alguma coisa importante. Se você quiser ser respeitado, então aja sempre respeitosamente com a criança e, se você quiser observar determinados comportamentos nela, então aja, cotidianamente, oferecendo com suas ações, os respectivos modelos desejados. Certamente, os respectivos neurônios espelhos desse aprendiz agradecerão pelos bons exemplos oferecidos.

Tudo que foi dito aqui é muito óbvio e na prática há muito tempo, já vemos acontecer em nosso próprio convívio social, educacional e familiar. Mas o fato é que apenas agora começamos realmente a compreender como isso ocorre no contexto real e biológico da neurofisiologia humana.

Se, a partir dessa conscientização, o professor aplicar esses novos conhecimentos da neurociência de forma produtiva na Educação escolar, terá neles poderosas ferramentas adicionais e facilitadoras para alcançar os seus objetivos pedagógicos desejados.

Afinal, na realidade, essas descobertas apenas serviram para confirmar cientificamente uma expressão máxima dos tempos de nossas bisavós: "Um bom exemplo oferecido pelos pais, pelos professores e pelos adultos sempre será a melhor forma de se educar os filhos e todas as crianças para o resto das suas vidas".

3.2 A memória, a neurociência e a prática docente atuando na aprendizagem

É consenso entre os pesquisadores e teóricos da Educação que os sentidos e a emoção são componentes importantíssimos no contexto da aprendizagem. Essa importância se traduz no processo de armazenamento de informações, ou seja, na memorização de conteúdos ministrados na escola e de eventos significativos ocorridos no cotidiano social do aprendiz.

A memória é sem dúvida um fator indispensável na aprendizagem e a sua construção neurofisiológica no ser humano é resultante de complexos eventos bioquímicos que envolvem diferentes mediadores químicos, que são substâncias neurotransmissoras, além de neurônios e múltiplas conexões sinápticas que ocorrem entre esse tipo de célula em determinadas regiões do cérebro, em especial no hipocampo e na amígdala cerebral.

Certamente, o aprofundamento nesses conhecimentos bioquímicos não faz parte do escopo desse livro, apesar de serem importantíssimos no processo fisiológico da formação da memória. Porém, iremos descrever superficialmente alguns detalhes sobre este mecanismo para compreendermos, por exemplo, como o estado emocional influencia na formação de memórias e consequentemente no ensino e aprendizagem,

As memórias são produtos resultantes de conexões específicas que ocorrem em regiões cerebrais, entre determinados neurônios, por meio de eventos denominados sinapses. Na realidade, essas sinapses são ligações químicas que resultam na ativação dos neurônios em sequência. Essas conexões ocorrem por meio da liberação e subsequente recepção de substâncias químicas que são produzidas por estas mesmas células nervosas.

Possivelmente essas substâncias neurotransmissoras presentes e liberadas pelos neurônios atuam sobre enzimas que regulam a produção de proteínas específicas que, por sua vez, também auxiliam na formação das sinapses. A hipótese mais estudada pelos pesquisadores, e provavelmente a mais pertinente, é que, quanto maior for a síntese dessas proteínas, melhor se gravará a informação na memória.

Lembre-se

Estas substâncias por transmitirem os impulsos nervosos entre os neurônios são denominadas neurotransmissores.

Os neurotransmissores mais abundantes nesse processo são a adrenalina, também conhecida por epinefrina, a noradrenalina, também denominada de norepinefrina e a dopamina.

Estes compostos químicos, também conhecidos por catecolaminas, possuem a mesma origem comum, os aminoácidos fenilalanina e tirosina. A tirosina é produzida no fígado a partir da fenilalanina, sendo então posteriormente transportada para os neurônios em que uma série de reações a convertem em dopamina, norepinefrina e por fim epinefrina. Todas essas catecolaminas possuem efeitos tanto excitatórios quanto inibitórios sobre o sistema nervoso periférico, assim como ações reguladoras sobre o sistema nervoso central (SNC), incluindo nesse contexto a percepção dos sentidos e as emoções.

Como as vias bioquímicas, que fazem processo de memorização, são reguladas por esses mesmos neurotransmissores que são liberados durante os estados de emoção (dopamina, noradrenalina e adrenalina), então podemos concluir, de forma bem superficial, que a memorização está intimamente ligada aos fatores emocionais que chegam ao hipocampo e à amígdala no cérebro.

Uma explicação evolutiva para existência dessa correlação pode ser a autoproteção do próprio indivíduo, ou seja, para preservar a vida é importante ele se lembrar do desfecho de eventos que lhe causaram medo, porque em uma nova situação semelhante é interessante resgatar essas memórias para poder agir adequadamente.

Essas memórias são continuamente forjadas de forma mais ou menos consistentes, conforme os níveis das catecolaminas cerebrais, que são liberadas de acordo com a percepção dos sentidos, do sentimento ou da emoção a que o indivíduo estiver sendo submetido nas diversas situações da sua vida cotidiana.

Possivelmente, o hipocampo deve ser a mais importante estrutura do cérebro ligada à memória e ao aprendizado, pois é nessa região onde são associadas às informações que serão memorizadas. Para se gravar informações de um determinado evento, são feitas conexões entre os neurônios nessa região, por meio de sinapses diversificadas do que foi sentido, visto e ouvido naquele momento específico, para que esta lembrança seja, portanto, fortalecida e guardada.

Por outro lado, possivelmente uma informação processada de forma isolada por apenas alguns dos nossos sentidos dificilmente será gravada solidamente em nossa memória. De fato, durante a aprendizagem quando o professor utiliza ou estimula ao mesmo tempo vários sentidos no aprendiz, como a visão, a audição, o tato e o olfato, o armazenamento da informação geralmente se mostra mais eficiente e duradoura.

Isso pode explicar por que muitos educadores defendem uma aprendizagem composta por atividades escolares que envolvam práticas diversificadas, manuseio de materiais, experimentos e trabalhos diferenciados, pois, além destas exercitarem múltiplos sentidos no aprendiz, podem produzir também modificações interessantes na liberação e níveis das catecolaminas cerebrais.

Do mesmo modo como já foi descrito anteriormente, esses novos conhecimentos da neurociência também podem ser facilmente correlacionados com alguns conceitos teóricos clássicos.

Por exemplo, o behaviorismo criado e defendido por Watson, inspirado nos experimentos de Pavlov, nada mais fez do que descrever efeitos correlacionados à aquisição da memória, em face de um estímulo, e à respectiva recuperação destas informações, quando isto se faz necessário posteriormente durante as repetições do mesmo evento.

Assim também, os defensores do comportamentalismo, ao se basearem apenas nos padrões observáveis de estímulo e resposta de uma conduta condicionada, ignorando a existência de um processo cognitivo, neurofisiológico ou bioquímico atuando no cérebro do aluno, desconsideraram isto, porque possivelmente estes recentes conhecimentos ainda eram desconhecidos na época e, obviamente, não poderiam embasar nenhum conceito teórico naquele momento.

3.2.1. Para não esquecer

Vamos conhecer um pouco mais sobre a aquisição da memória. Basicamente existem dois tipos de memórias, a de curto e a de longo prazo; e ambas possuem características próprias.

3.2.1.1 Memória de curto prazo

A memória de curto prazo é mais volátil, pois recebe, processa e retém as informações vindas do ambiente por apenas alguns segundos ou minutos para que sejam utilizadas imediatamente pelo indivíduo ou até serem organizadas e armazenadas para recuperação ou uso um pouco mais adiante.

Sua principal limitação consiste em reter por um pequeno intervalo de tempo, um pequeno número de informações ou pequenos blocos destes dados.

O psicólogo americano, professor e pesquisador da ciência da cognição, George Armitage Miller (1920-2012), estabeleceu que a memória ou consciência pode reter para manipular imediatamente e em curto prazo, aproximadamente, sete elementos, indiferentemente seja dígitos, letras, palavras, seja blocos de outras unidades; nesse caso, o tamanho de cada bloco dependerá do grau de familiaridade do indivíduo com o material informacional.

Geralmente esse armazenamento perdura em média de 15 a 30 segundos, para manipulação imediata. A memória de curto prazo é prioritariamente acústica, ou seja, a sua eficiência é bem maior para armazenar falas, sons, ou quando "falamos" ou "repetimos" mentalmente as informações, pois nesse caso as regiões cerebrais ativadas são as mesmas utilizadas para a produção da fala propriamente dita.

Usamos a memória de curto prazo, por exemplo, para memorizar momentaneamente um número de telefone que discaremos a seguir, ou um CPF que iremos escrever. Geralmente, esse tipo de memorização é feito em blocos de dados.

Por exemplo, o número 992213423, composto por nove algarismos, ao nos ser apresentado, será mais facilmente memorizado quando o dividirmos em três blocos e os repetirmos oralmente ou mentalmente: 992 213 423. Outro exemplo seria a memorização de uma sequência composta aleatoriamente pelas 12 letras C-R-V-P-H-L-B-U-A-I-O-E, que ficará mais fácil quando estas são agrupadas em quatro blocos e as repetirmos: CRV-PHL-BUA-IOE. Percebe-se que o cérebro, instintivamente, trabalha melhor na memorização de curto prazo quando consegue transformar uma informação extensa em grupamentos compostos por até sete blocos de dados.

A permanência da informação na memória de curto prazo, apesar de ser muito curta, pode ser transferida para um depósito mais permanente denominado memória de longo prazo, dependendo do contexto emocional no qual isso ocorra, ou do conhecimento prévio, ou de uma experiência anterior que seja relacionada ao tipo de conteúdo. Ou seja, a informação pode ser lembrada ou ser esquecida dependendo de outros eventos externos correlacionados antes dela ser produzida.

O ato de repetição da leitura ajuda a fixar a informação lida; porém, a retenção na memória de curto prazo por meio da repetição e uma possível transferência desses dados para uma memória de longo prazo apenas poderá ser efetivada caso a quantidade destas informações não seja muito extensa.

A recuperação dos dados armazenados na memória de curto prazo ocorre de forma sequencial e linear e a eficiência desse processo é inversamente decrescente ao intervalo de tempo posteriormente disponibilizado para isto, ou seja, quanto maior for a informação estocada, mais rapidamente ela deve ser recuperada, antes que se perca ou se fragmente.

Diferente da memória de curto prazo, temos a memória de longo prazo, que é um procedimento cerebral de armazenamento consolidado da informação que pode pode durar de minutos e horas a meses e até décadas. São exemplos desse tipo de memórias as nossas lembranças infantis, de eventos com teor emocional ou de conhecimentos que adquirimos na escola. Esse tipo de memória preserva os dados de forma mais consistente e os disponibiliza de maneira mais ou menos permanente.

3.2.1.2 Memória de longo prazo

A memória de longo prazo permite a recuperação de uma informação mesmo após décadas de armazenamento e os limites da sua capacidade são desconhecidos, contudo algum componente emocional geralmente está presente na sua construção e solidificação.

Por exemplo, se você perguntar para algumas pessoas se elas lembram onde estavam ou o que faziam quando foram surpreendidas pela reportagem na televisão ao vivo do ataque terrorista contra as torres gêmeas nos Estados Unidos, ou onde estavam na última conquista da Copa do Mundo pelo Brasil, de forma surpreendente, muitas pessoas se lembrarão de detalhes, como as pessoas que estavam à sua volta, descreverão o ambiente e, em alguns casos, até se lembrarão das roupas que usavam na ocasião. Ou seja, quanto maior for o impacto emocional, maior será a solidificação da informação na memória de longo prazo.

Isso se explica porque as substâncias neurotransmissoras, armazenadas nos neurônios e que foram fortemente liberadas pela emoção, também acentuarão a produção de enzimas envolvidas na memorização, que, por sua vez, auxiliarão na formação das sinapses que construirão a memória; logo, quanto maior for a síntese destas proteínas, mais fortemente a informação será gravada na memória.

Outro detalhe muito interessante é que uma informação não é armazenada de forma integral na memória de longo prazo, e sim de forma segmentada, fragmentando-a e alocando partes com seus respectivos significados em diversos arquivos comuns, conforme cada significado.

Isso possivelmente ocorre para favorecer, durante a recuperação de alguma informação, que o cérebro faça diversas associações entre os diferentes pedaços de dados, gravados e armazenados nesses arquivos e assim tomar a decisão ou reagir da forma mais adequada.

Por exemplo, se você perguntar a uma pessoa do que ela lembra quando vê ou ouve a palavra "vermelha", ela possivelmente responderá "sangue" ou "perigo" ou "rosas" ou "bombeiros" ou "fogo" e assim sucessivamente, de acordo com as associações que ela fizer durante a recuperação dos dados armazenados, de forma segmentada, mas todos relacionados à palavra que foi dita.

A estrutura e fisiologia da memória de longo prazo é responsável pela nossa aprendizagem crescente, manutenção de nossas culturas e pelas nossas percepções do mundo e principalmente nos influencia na tomada de nossas decisões. Contudo, ela também está intimamente relacionada com o nível da atenção focada e sustentada durante o processo que determinará a sua construção.

A sustentação da atenção também envolve a liberação de neurotransmissores nas regiões cerebrais que são determinantes para a memorização, ou seja, quando o indivíduo está desatento, as memórias formadas tendem a ser menos consistentes e provavelmente ele terá dificuldades em acessar essas informações posteriormente.

A produção das memórias configura um complexo circuito entre os neurônios, formando uma imensa teia de sinapses, e quanto maior for o nível de atenção e de emoção, mais eficaz será a construção da memória de longa duração pelo cérebro.

Isto nos permite compreender porque quanto mais disperso estiver o estudante ou quanto mais atividades diferentes ele fizer ao mesmo tempo, menor será a retenção das informações desejadas.

Recuperar informações armazenadas na memória de longo prazo também significa percorrer as teias construídas pelas sinapses para recuperar todas as correlações e significados, reunindo os diferentes fragmentos de dados que irão compor a totalidade da informação desejada.

Pode ser que, ao recuperar esses significados, alguns pedaços das informações não se encaixem tão adequadamente em uma nova estrutura conceitual. Isso pode ser resultado de significados que tenham sido modificados ou desenvolvam poucas correlações com outros significados durante as diferentes experiências nesse complexo processo de armazenamento.

Em psicologia isso é conhecido como o paradoxo Baker-baker. O paradoxo recebeu o nome de um experimento, no qual os participantes, divididos em dois grupos, visualizaram a foto de um homem. O primeiro grupo recebeu a informação de que o sobrenome do homem era Baker, enquanto o outro grupo recebeu a informação de que ele era um *baker*, palavra em inglês que significa "padeiro". Depois de algum tempo, ao verem a imagem do homem novamente, pediu-se que tentassem lembrar da palavra associada à imagem. O grupo que havia recebido a palavra com a ocupação do homem, teve mais facilidade em lembrar da palavra.

A explicação é simples. Quando memorizamos a imagem de um padeiro, correlacionamos outros significados e imagens como pão, padaria, leite, enquanto o sobrenome Baker existe apenas isoladamente, sem fazer parte de um contexto maior.

Entendemos, agora, porque tantos educadores usam e abusam de analogias para explicarem determinados conceitos ou conteúdos aos seus alunos, ou porque o componente emocional pode interferir tão positivamente na memorização e na aprendizagem.

3.2.1.3 O cérebro: estímulos sensoriais externos

Além do sentido da audição, o sentido da visão também é processado no cérebro em áreas que se interligam intimamente com as regiões que processam as memórias, os neurônios espelho e por consequência com o hipocampo, este último seleciona onde os significados importantes para fatos e eventos serão armazenados no cérebro, assim como a amígdala cerebral, que, além de participar no redirecionamento das informações, também se comunica com o tálamo e todos os sistemas sensoriais que capturam os estímulos vindos do meio externo.

O tálamo, por sua vez, é uma área cerebral para onde convergem diversas vias neuronais que chegam do meio externo, onde elas se influenciam e se reorganizam antes de serem redistribuídas.

Logo, os estímulos sensoriais vindos do meio externo, como som, cheiro, sabor, visualização de expressões corporais e a sensação tátil de objetos, são traduzidos em sinais elétricos que, após serem redistribuídos pelo tálamo, ativam circuitos bioquímicos que chegam na amígdala e no hipocampo, que, é bom relembrar, estão relacionados à memória.

Isso significa, por exemplo, que as expressões corporais feitas por um professor durante a explicação de um conteúdo, obviamente, ativará as conexões entre a amígdala, hipocampo e tálamo, onde as respostas emocionais se originam, permitindo que as emoções que irão emergir nesse processo, influenciem a memorização e a aprendizagem.

Agora, ficou fácil perceber como todos esses conhecimentos que interligam as teorias de aprendizagem, a Neurociência e a prática docente estão intimamente relacionados à eficiência na Educação Escolar.

Portanto, se o professor não conseguir ter essa visão do todo, ele será menos capaz de perceber pequenos detalhes que compõem o processo, podendo comprometer bastante a eficiência do seu trabalho educacional.

3.3 Novas alternativas de trabalho docente na escola do século XXI

Os novos conhecimentos descritos anteriormente nos permitem um olhar diferenciado e mais concreto sobre os processos de aprendizagem, assim como nos leva a pensar mais claramente em como construir aulas diferenciadas e mais adequadas aos objetivos educacionais que desejamos.

Resumidamente, devemos sempre ter em mente que uma turma de alunos é composta por indivíduos diferentes, com problemas, interesses e motivações próprias.

Embora, teoricamente, os estudantes venham à escola para aprender, na realidade eles chegam munidos em sua mente de uma relação de outras atividades que seriam muito mais interessantes ou emocionantes do que sentar-se por um período de cinquenta minutos na sala de aula para simplesmente ouvir você.

Então é importante que o professor transforme esse intervalo de tempo no mais prazeroso possível para que os alunos possam efetivamente aprender.

O planejamento de aula deve prever atividades em que os próprios alunos participem do processo, transformando o período de aula em uma sessão interativa. O professor deve incluir estratégias de ensino que mantenham os alunos interessados no tema. Por exemplo, a prática de algumas atividades em sala de aula, que levem os alunos a se levantarem de suas cadeiras e interagirem uns com os outros, é extremamente saudável.

Tais ações não devem ser rotineiras e nem precisam se estender por todo o tempo de aula. O professor pode se planejar para garantir que os últimos dez ou quinze minutos do tempo de aula sejam gastos nesses trabalhos e em socializações.

O professor deve usar a sua expressão corporal para complementar o que estiver dizendo. Por exemplo, ao explicar que algo é muito grande, ele pode usar os braços, estendendo-os para indicar isso.

É muito interessante alternar o volume e o ritmo da voz, e ao falar, o professor deve fazê-lo olhando diretamente para a turma e, em particular, olhar nos olhos dos estudantes, quando falar com algum deles especificamente.

O docente, ao falar e caminhar pela sala, estimulará em seus alunos diferentes áreas cerebrais que, obviamente, serão simultaneamente ativadas. Além disso, essa estratégia favorecerá a manutenção da atenção focada em cada estudante, outro requisito importante para a aquisição da memória de longo prazo.

Lembre-se

O estímulo visual ao ser processado pelo cérebro, transita pelas mesmas regiões onde serão construídas as memórias. Isso, além de ativar os neurônios espelho e o cérebro reproduzir mentalmente o que estiver observando, também libera substâncias neurotransmissoras que serão importantes na memorização.

O professor deve criar o hábito de conversar com os alunos não apenas na sala de aula ou na escola, mas fora desses espaços também. Sempre que ele encontrar qualquer estudante fora do ambiente escolar, deve cumprimentá-lo cordialmente. Essas ações se refletirão positivamente em sala de aula.

Caso algum aluno se destaque em um esporte ou evento em particular, o professor deve elogiar publicamente seus esforços de forma sincera, enaltecendo esses bons exemplos de otimismo para seus pares, sem fazer comparações com outras atuações menos destacadas. Isso fará com que os outros estudantes se sintam mais próximos uns aos outros e que são observados, valorizados e principalmente, compreendidos.

Relembramos que todos estão observando a todos em sala de aula, e que a totalidade dos neurônios espelhos do alunado estão sendo ativados e se ativando reciprocamente a cada momento. Portanto, cabe ao professor administrar isso ao seu favor.

Por exemplo, alguns alunos tendem e ficar desatentos ou se mostrarem impertinentes, o que pode inclusive, prejudicar a dinâmica de toda a turma, pois esse comportamento pode gradativamente começar a ser reproduzido por outros estudantes, em face da estimulação visual que o cérebro deles passam a observar.

Se, no início dessa situação, o professor continuar falando sobre o conteúdo e ao mesmo tempo caminhar, parar perto da mesa do aluno desatento ou impertinente, olhar em seus olhos de forma cordial, enquanto continua a enfatizar a sua explicação, isto irá automaticamente enviar um sinal aos neurônios espelhos do respectivo estudante, indicando que o professor deseja que ele pare o que está fazendo, e volte a sua atenção para ele, reproduzindo assim a atenção diferenciada que está sendo oferecida ao aprendiz.

Por outro lado, tal mensagem subliminar também é captada por todos os outros alunos, antes que eles possam ser "contaminados" pela postura indesejada e comecem a reproduzir a mesma desatenção ou impertinencia do estudante observado.

Sabemos que, na maioria dos casos, essa conduta do professor sempre funcionou, desde as mais remotas épocas da Educação escolar; somente não compreendíamos como ou por que isso ocorria e funcionava. Portanto, entender agora como acontece tal processo nos permite administrar melhor essas situações tão comuns em sala de aula.

Andar pela sala, motivar, sorrir, usar analogias e expressões corporais, demonstrar real atenção ao ouvir o aluno, respeitar para ser respeitado e se planejar adequadamente para cada aula são estratégias docentes interessantes que devem ser praticadas para que o professor alcance mais facilmente seus objetivos na aprendizagem.

Mais uma vez, os novos conhecimento na área da Neurociência, destacados anteriormente, podem orientar o profissional da Educação no cultivo ao respeito e à atenção, assim como irá fomentar a reprodução de comportamentos socialmente desejáveis e facilitadores para o sucesso educacional.

Por exemplo, ser pontual e sempre estar presente, antes do início da jornada, preferencialmente recebendo com cordialidade seus alunos junto à sala de aula no horário de entrada, é uma boa estratégia para que o professor, gradativamente, passe a ser reconhecido como uma pessoa interessada em cumprir bem as suas atribuições e provavelmente comece a receber manifestações cordiais de respeito e carinho, já no início das aulas.

Outro exemplo interessante seria o professor demonstrar que está sempre preparado junto ao seu compromisso pedagógico, apresentando aulas bem elaboradas e acompanhadas de todo o material pedagógico necessário para o bom desenvolvimento da mesma.

Mais uma vez ressaltamos que os alunos e suas conexões cerebrais observam cotidianamente o professor, sendo esse portanto um modelo que pode muitas vezes ser fonte de inspiração ou até de admiração. Logo, é imperativo que o professor demonstre que está bem preparado e consciente de suas responsabilidades e atitudes em sala de aula, sendo firme, mas amigável; sendo atencioso, mas exigente e justo com todos os estudantes, independentemente da forma como eles se comportem em determinadas situações.

Dentro do contexto da Educação Escolar, a gestão da sala de aula é uma habilidade que deve ser continuamente aprimorada e exercitada durante toda a carreira docente.

Depois de comentarmos e justificarmos a eficiência de tantas ações docentes comuns no ambiente escolar tradicional, uma pergunta se torna pertinente: será que a tecnologia pode favorecer a Educação escolar nesse novo contexto de aprendizagem? Ou como isso pode ou deve ocorrer?

A resposta é claro que sim, afinal o computador possui a capacidade de poder ativar vários sentidos simultaneamente, como, a visão e a audição, além de ser naturalmente motivacional para as novas gerações. Por exemplo, imagine a seguinte situação: um professor propõe um trabalho em grupo para a sua turma. Após a discussão de um determinado conteúdo, cada grupo deverá fazer a redação de um texto descrevendo o que foi discutido. O texto deve ser colaborativo, ou seja, todos no grupo, obrigatoriamente, devem contribuir tanto na discussão quanto na parte escrita. Isso é uma situação rotineira no ambiente educacional com todos os aspectos motivacionais, limitações e resultados esperados no processo de aprendizagem já amplamente conhecido pelos professores.

A inserção de ferramentas computacionais, nesse processo, adiciona um componente motivacional a mais, o que é plenamente desejável para a aprendizagem, compreensão e memorização do conteúdo proposto.

Por exemplo, se essa proposta de trabalho for feita utilizando-se a ferramenta gratuita chamada "Google.doc" da empresa Google, os alunos poderão fazer o texto colaborativo utilizando qualquer computador, tablet ou até seus próprios celulares se eles estiverem conectados à Internet.

O docente poderá acompanhar, se quiser e até em tempo real, pelo seu computador, notebook, tablet ou celular, a produção do texto proposto, pois a ferramenta indica as alterações, inclusões, exclusões e modificações textuais feitas e principalmente, identificando o estudante que as produziu e em que momento ela foi feita. A inclusão de imagens, *links*, gráficos ou tabelas também poderão ser feitas, o que certamente pode enriquecer ainda mais o trabalho.

O respectivo controle e a possibilidade de mediação real do professor nesse tipo de atividade é outro fator bastante interessante, contudo, a motivação propiciada pelo uso da informática terá sem dúvida um grande valor a ser agregado nessa nova estratégia docente.

O uso de jogos didáticos ou objetos de aprendizagem computacionais para complementar conteúdos ministrados seria outra prática muito interessante para ser realizada, utilizando-se o computador para esse fim, e, consequentemente, aproveitando-se o alto fator motivacional que isto desperta no alunado.

Existem milhares de opções de aplicativos educacionais gratuitos ou não, e ainda a real possibilidade do professor produzir seus próprios objetos de aprendizagem, conforme suas necessidades docentes, por meio de aplicativos desenvolvidos especificamente para esse fim.

A vantagem para o professor em criar suas próprias soluções, com essas ferramentas, para atender seus objetivos didáticos pontuais reside no fato dele ter domínio pleno do seu próprio objeto de aprendizagem criado por ele mesmo, seja um programa ou jogo baseado em uma planilha eletrônica, seja uma animação incluída em uma apresentação de slides, seja até mesmo um pequeno aplicativo construído por meio de um construtor de programas.

Ainda é senso comum na nossa sociedade, principalmente entre pessoas pouco familiarizadas com o mundo da Informática, que para alguém criar um site ou até um pequeno programa computacional é necessário possuir, previamente, muitos conhecimentos em computação.

Isso é um grande equívoco, pois a evolução da informática foi tão imensa, rápida e democrática que inclusive já existem milhares de programas que permitem qualquer pessoa criar seus próprios jogos ou objetos computacionais, independentemente de ela ter conhecimentos prévios em programação. Ou seja, qualquer professor pode construir seus próprios objetos de aprendizagem, e o melhor, gratuitamente, sem necessariamente ter que se tornar um especialista em computação. Basta, para isso, que o docente escolha a ferramenta mais adequada para seus objetivos didáticos e com ela exercite sua criatividade.

O trabalho com os estudantes pode ser realizado nos próprios equipamentos pessoais dos alunos, ou nos computadores de suas casas, ou no laboratório de informática da escola, ou até em *lan houses*, enfim, a disponibilidade para uso de máquinas pode ser muito grande, e o único fator que pode ser parcialmente limitante, em alguns locais de nosso país, ainda seria a conexão com a Internet e a sua respectiva estabilidade ou velocidade.

A rede web oferece muitas opções para o trabalho docente com os alunos, como pesquisas dirigidas sobre determinados temas específicos em sites confiáveis e previamente sugeridos pelo professor, e até a criação de blogs para dar suporte aos alunos, incluindo a postagem de textos, arquivos ou exercícios disponibilizados pelo docente.

Enfim, as opções são inúmeras e cabe exclusivamente ao professor escolher qual e em que momento deve usá-las, conforme seus objetivos didáticos. O único ponto em comum é que a motivação propiciada pelo uso dessas opções sempre serão fatores adicionais e plenamente desejáveis no processo de aprendizagem.

3.4 As modernas alternativas de trabalho docente: uma percepção crítica

A grande maioria dos professores certamente já realizam maravilhosos trabalhos nas escolas atuais. Porém algumas coisas que ainda são feitas, inclusive e apesar das novas tecnologias, que se analisadas friamente, não tem mais o menor sentido.

Curiosamente, no ambiente escolar, é comum o docente ainda adotar determinadas posturas ou reproduzir algumas ações automaticamente sem a menor reflexão, e muitas delas possivelmente já são ineficazes e até obsoletas e muitos professores não se dão conta disso.

Pode ser que os neurônios espelhos e a memória de longo prazo até expliquem a reprodução e perpetuação de alguns modelos de atuação docente na escola, mas isso não significa que esses não possam ser modificados, principalmente, após uma analise crítica desse comportamento do próprio professor dentro de sua sala de aula. Por exemplo, se praticamente todos os estudantes possuem um computador portátil disfarçado em telefone celular ou tablet cheio de recursos em seus bolsos, a ideia de levar toda a turma para uma sala de informática com equipamentos obsoletos, para no fundo, praticar suas habilidades de digitação ou de datilografia e posteriormente levá-los de volta para a sala de aula cinquenta minutos depois, é no mínimo, muito pouco criativo e até certo ponto obsoleto e improdutivo nos dias atuais.

Paradoxalmente, a escola incentiva o uso em sala de aula das novas tecnologias e proíbe o uso de celulares ou de tablet pelos estudantes nesse mesmo local. Não seria mais interessante refletirmos como poderíamos usá-los para melhorar a aprendizagem ou como aproveitar os componentes motivacionais oferecidos, aos alunos, por esse tipo de aparelhos e utilizá-los da melhor forma possível como ferramentas de aprendizagem?

Definitivamente, todos nós já reconhecemos que os aparelhos celulares já não são apenas dispositivos que permitem a edição de texto ou efetuam chamadas de telefone. Hoje, há mais poder de processamento computacional no telefone celular, do que a NASA possuía quando mandaram um homem à Lua há quatro décadas. No entanto, muitos professores ainda não refletiram ou até ousaram utilizar isto em seu benefício, ou seja, explorar os recursos disponíveis nesses pequenos e potentes aparelhos computacionais para uso na aprendizagem.

Tanto os professores quanto os alunos sabem que com um simples celular ou um tablet, atualmente, os estudantes podem criar e editar um filme, fazer um programa de rádio, tirar e postar fotos, construírem cartazes, sites, blog, documentos compartilhados, trabalhos em grupo, conversarem e tirarem dúvidas com outros colegas de classe e professores, pesquisarem no Google, tudo isso com alguns toques em um simples aparelho de bolso.

As perguntas então são simples: Por que os professores ainda não conseguem mostrar aos alunos novas possibilidades de aprendizagem utilizando esses recursos tecnológicos? Seria possível administrar as possíveis distrações que certamente ocorreriam resultantes do uso desses equipamentos em sala de aula? Seria possível transformar esses possíveis problemas em grandes oportunidades de aprendizagem e que iriam muito além e para fora da sala de aula?

A ausência de um questionamento crítico pode ser que o professor, mesmo lidando cotidianamente com várias situações novas impostas pela tecnologia, ainda não sabe como agir ou tem receio de trilhar por estes novos caminhos.

Ao contrário das novas gerações que desconhecem o receio de usar as novas tecnologias, possivelmente, muitos professores ainda carregam essa herança do medo sem o menor questionamento e consequentemente, excluindo quaisquer possibilidades de praticá-las em seu cotidiano docente.

Como consequência disso, temos uma escola funcionando ainda no formato do século XIX, com uma maioria de professores formados no século XX, ministrando aulas para alunos do século XXI, todos convivendo no mesmo espaço e tentando se entender.

O uso de novas tecnologias na Escola não é um desafio exclusivo para o professor. As escolas desse século XXI também ainda não sabem ao certo como fazê-lo, assim como não estão aptas para orientarem seus alunos para que eles aprendam em qualquer lugar e a qualquer hora.

Será que ainda é tão necessário ter um técnico ou uma pessoa responsável pela sala de informática e pelo sistema computacional trabalhando dentro de um aquário ou em um escritório cercado por computadores antigos, apenas atualizando programas e informando aos professores e alunos que ferramentas de tecnologia que eles podem e não podem usar naquele recinto?

Seja crítico e analise friamente, afinal esse quadro é, no mínimo, pouco eficiente e até certo ponto ridículo, sob o olhar de um profissional da Educação que convive plenamente com os desafios da aprendizagem nos dias de hoje.

Atualmente precisamos de profissionais que identifiquem ou saibam o que os professores e os alunos precisam, assim como devem participar para resolver problemas em vez de criar barreiras. Esse tipo de profissional, ainda inexistente no ambiente escolar, precisa ser assumido por alguém que realmente compreenda o seu papel no processo de ensino e aprendizagem e ajude as pessoas a ajudarem a si mesmas.

Será que as escolas e seus respectivos professores não devem pensar em colocar notícias ou informações em seu próprio site mais cotidianamente para manter os alunos e principalmente os pais mais informados? Será que fazer isso é algo incompatível com a escola do século XXI?

Para que serve a motivação oferecida por tanta tecnologia, se os professores no ambiente escolar, não a usam em seu favor nos processos de aprendizagem?

Medo da indisciplina ou da distração que uma nova tecnologia pode disseminar no ambiente escolar? Outro grande equívoco.

O caderno escolar que é usado como ferramenta educacional desde o século XVI nos colégios jesuítas na Europa, há muito tempo permite que suas folhas deixem de ser um recurso de aprendizagem e se transformem em bolinhas de papel. Isto provoca distrações ou indisciplinas e nem por isso o professor exclui os cadernos da vida dos alunos.

Na realidade, sabemos que é a postura docente em sala de aula que determinará como os cadernos e suas respectivas folhas serão usados pelos alunos.

Quando, por exemplo, a escola precisa de um simples cartaz, panfleto ou um site, por que comprar este serviço de alguma empresa (apesar de que às vezes pode ser o caso), se os alunos já sabem, gostam e podem fazê-lo sem dificuldade?

Provavelmente, nas escolas desse nosso século XXI, os alunos desenvolverão muitas e novas atividades colaborativas em comunicação, linguagem e arte usando, inclusive, a tecnologia onde computadores não serão apenas máquinas, mas sim, parte auxiliar e integrante de alguns temas e ações.

Quantas outras coisas ainda o professor reproduz sem se questionar?

- » Será que ainda tem sentido as salas permanecerem de portas fechadas durante as aulas?
- » Será que o reduto de aprendizagem deve permanecer isolado dos pais, de outros professores, das tecnologias ou do mundo lá fora?
- » Será que a sala de aula não deveria ser, necessariamente, um ambiente aberto, onde os professores deveriam ser capazes de entrar e aprender uns com os outros?
- » Por que nós, professores, ainda não compartilhamos o que fazemos de melhor? Por que ainda trabalhamos tanto em silêncio?

Com tantos novos conhecimentos convergindo para a área da aprendizagem e consequentemente norteando o trabalho do professor, possivelmente na escola desse século XXI, muitos educadores não estarão mais apenas trabalhando localmente, mas sim globalmente, compartilhando e mediando o aprendizado, fazendo e observando o que os outros docentes estão fazendo, ensinando e principalmente, aprendendo com essas trocas.

Esta será uma necessidade docente que provavelmente deverá ser praticada muito mais intensamente nesse novo tipo de escola, pois ficará bem mais claro que, no dia em que o professor perde a sua capacidade de aprender coisas novas, então ele perde também a sua habilidade de ensinar outras pessoas.

Enfim, o imenso volume de novos conhecimentos e de novas informações que a sociedade já produziu e que ainda produzirá, agora bem mais rapidamente, delineará novos rumos, contextos pedagógicos, tecnológicos, comportamentais e sociais dentro da escola do século XXI. Tudo isso, certamente, reproduzirá na prática cotidiana, tanto dos professores quanto dos alunos, o antigo pensamento sonhador da poetisa Cora Coralina: "Feliz aquele que conseguir transferir o que sabe e aprender aquilo que ensina".

Se realmente é inadmissível perpetuarmos a existência de escolas com estruturas do século XIX, com professores formados no século XX ministrando aulas para alunos do século XXI, que tal o professor pensar melhor ou mais criticamente sobre o que essa nova escola e o que seus alunos, realmente precisam? Bolinhas de papel, celulares e tablets ou professores realmente conscientes de sua importância e que sejam eficientes nesse complexo processo chamado de aprendizagem?

Vamos recapitular?

Neste capítulo foram apresentadas diferentes estratégias docentes e a sua correlação entre os conceitos teóricos e saberes de diferentes áreas, como, a neurociência, a psicologia na Educação e as Teorias de Aprendizagem.

Também foram descritas as respectivas justificativas para compreensão da eficiência de algumas práticas docentes aplicadas em sala de aula.

Finaliza exemplificando e destacando as vantagens e limitações do uso de novas tecnologias no ambiente escolar, provocando uma reflexão final sobre a importância do docente no atual contexto educacional.

Agora é com você!

1) Com o objetivo de praticar o que foi abordado neste capítulo, sugerimos que você pesquise e faça um resumo das teorias de aprendizagem e seus respectivos representantes teóricos.

2) Faça um texto contendo algumas correlações entre Neurociência e os principais teóricos da Educação, ressaltando fatores positivos e negativos.

3) Dê alguns exemplos de uso da memória de curto prazo.

4) Explique o paradoxo Baker-baker.

4

Como Entender as Dificuldades Encontradas na Educação Escolar

Para começar

Neste capítulo é feita uma reflexão sobre o ser infantil no decorrer dos tempos e os contextos históricos que serviram de espelho para a educação brasileira e principais linhas pedagógicas que auxiliam o fazer e o ser dos sujeitos. Com essas expectativas, imagine uma aula perfeita, repleta de ações e meios para que a aprendizagem aconteça como um passe de mágica. Imagine um mundo sem doenças, sem violência, sem falhas e sem morte. Acreditamos que nós mesmos não estejamos preparados para enfrentar algo de tamanha magnitude, mas fazer com que se tenha metas bem definidas de onde gostaríamos de chegar é um desafio que não pode ser descartado.

O que necessitamos, certamente, não é um modelo único, um método perfeito e, muito menos, imaginar uma comunidade escolar que seja homogenia em aprendizado e expectativas de vida. Mas, sim, estarmos aptos a realizar diversas e inúmeras relações entre o que desejamos e conseguimos nos propor a fazer; entre o que de fato aprendemos para produzir algo que nos fortaleça em possibilidades e, em detrimento às dificuldades no percurso, nos estabeleça como sujeitos atuantes e críticos no decorrer do processo cognitivo.

4.1 Educação Escolar como um processo

Ao longo do tempo, muitas foram as formas de imaginar a educação, seja esta aplicada à instituição escolar, seja a qualquer outro segmento social. Muitas teorias se firmaram e se firmam, como apontamos anteriormente, em prol de reavaliar onde, quando e como podemos intervir para que o nosso alunado aprenda.

A escola, vista aqui como uma instituição social de extrema importância, é mediadora entre o indivíduo e a sociedade. É nela que o indivíduo está para aprender e apreender conceitos, conteúdos, emoções e viabilizar que tudo isso o transforme a cada dia de sua vida.

Pode ser estranho para alguns olhar para a escola como um espaço que se justifica por estar ali e não estar ao mesmo tempo. Se imaginarmos que o espaço escolar propriamente dito não é o lugar onde se aprende, mas sim o local que abriga o indivíduo que aprende no seu "lugar particular", no seu íntimo cognitivo, nas suas inter-relações com o outro, na sua subjetividade mais profunda e nas intersubjetividades que direciona e é direcionado, tem-se a escola indo com esse indivíduo ao longo da vida.

Por isso, e por outros tantos fatores que ao longo deste livro tentaremos apontar, que não se pode ter um olhar fragmentado da Educação Escolar.

Questiona-se, portanto: quem faz o saber? Como se aprende? Onde podemos achar respostas para as aflições e expectativas dos profissionais da educação? Em qual teoria pautar-se para fazer dar certo? Não há uma resposta única, mas, se tivermos diretrizes sólidas, há caminhos.

Encontra-se um amigo, que não se via há alguns meses, chateado com a escola onde trabalha. Dizendo que nada dava certo, que as políticas públicas ficam longe da escola e que pediria exoneração do cargo estadual, porque não aguentava mais os alunos indisciplinados, os colegas desmotivados e a direção afastada da sala de aula. O olhar dele não poderia ser pior em relação às suas escolhas profissionais e as diretrizes no seu ambiente de trabalho. Mas, como evitar isso, se o seu próprio pensamento pareceu-me equivocado. Olhou em partes, separadamente, para o que chamamos de fins didáticos de pensamento. Ou seja, seu olhar dividiu em pedaços o que não poderia ser disjunto naquele momento.

Em nenhum momento da conversa, percebe-se um "o que de concreto eu posso fazer?". Nada nos faz pensar que o colega refletia mesmo sobre a sua prática educativa e sobre o que desejava aprender com o ensinar.

Estamos, não temos dúvida disso, diante de um colocar a culpa no outro por não dar certo. Mas, afinal, o que desejamos tanto que dê certo?

Outro contato com uma queixa muito normal, no termo restrito da palavra, de uma professora de português que nos dizia que o aluno x era analfabeto funcional, que não sabia organizar o pensamento para entender um simples enunciado, que não sabia interpretar. Levando-se em conta que o referido aluno não apresenta nenhum laudo médico que o respaldasse nas dificuldades que apresentava, foi decidido pela professora que era preguiça ou falta de estudo.

Com dados mais detalhados, a turma apresenta 35 alunos. Metade da turma tirou uma nota mediana na disciplina da professora; 10%, nota abaixo de 3 pontos; 20%, notas entre 6 e 7 pontos e os outros 10% foram distribuídos em zeros, duas notas dez e o nosso aluno x, incapaz de começar a prova, embora tenha ficado até o final da aula tentando.

A atitude dos professores não difere muito da realidade em que se encontram muitos professores. Estamos, sim, diante de um cenário que se repete ao longo do tempo, de mazelas sociais e educacionais, mas em alguns casos impregnadas de uma cultura do não querer mesmo mudar, não desejar superar algumas propostas de pensar igual. Matemática é cálculo, Português é gramática; Filosofia só pensa; Geografia é campo e tantos outros conceitos que imperam em alguns cantos do senso comum. O aluno x é diferente do aluno y; a Mariazinha é burra, o Joãozinho é esperto, o cicraninho é capaz. E assim anda a humanidade criando estereótipos para definir o que ainda não entende: cada um leva consigo o mundo que apreende.

A Psicologia, a História, a Medicina, e tantas outras áreas nos ajudam muito nessas questões. Assim como as neurociências nos permitem aprender como o cérebro se constitui, se autoregula, se autotransforma em apoio ao nosso desenvolvimento global. Esse aspecto multidisciplinar faz com que determinados saberes do e sobre o sujeito aflorassem o próprio sujeito envolvido na sua necessidade de se fazer ser.

Entender as dificuldades que a Educação Escolar enfrenta implica em entender que existem diversos meios de encará-las e saná-las, que existem maneiras e maneiras de ensinar e aprender e, não por último, que precisamos de pessoas nesse processo escolhendo linhas pedagógicas que melhor se adéquem às mudanças que se deseja.

Reflitamos: será que uma teoria se sustenta por si só? A resposta, provavelmente, seja que não há essa possibilidade, levando em conta que as mudanças sócio-históricas, filosóficas e psicológicas influenciam diretamente no que se aceita como teorias vigentes.

A Educação é percebida como efetiva quando se remete ao passado, na busca pelo que marcou e foi transmitido para outrem no decorrer do tempo; quando atua como relevante processo de autoconhecimento e autocompreensão do sujeito e da sociedade que interagem e, em movimento constante de transformação, quando pensa o amanhã, ao preparar os nossos aprendizes para o porvir.

Nesse contexto, convém fazer um recorte do que estamos pautando como base teórica para as práticas. Muitos já devem ter ouvido pessoas no meio educacional relatar de forma dicotômica o abismo entre teoria e prática.

Convém lembrar que a própria teoria já é uma prática em andamento, e que a prática sempre está pautada na escolha teórica. Ou seja, toda teoria exerce poder sobre as práticas; ao mesmo passo que todas as práticas são impregnadas pelas teorias que se elenca para realizá-las.

Quando tentamos perceber a escola como meio capaz de mudar o sujeito, em pensamentos e planos, dizemos que o ambiente escolar não leva em conta o que esse sujeito pretende. O foco, portanto, são as regras da escola, o pensar homogêneo e o saber passado a limpo.

Por sua vez, quando percebemos a escola como um espaço de reflexão conjunta, de exercícios prático-teóricos no pensar heterogêneo e o saber transformador, tratamos de uma ideia que pode fazer com que esse construto aconteça em todos os setores da comunidade escolar.

Nessas pontes de raciocínio, que nos serviram de exemplificação da teoria levada ao cotidiano escolar, mostram-se dois caminhos de pensar a educação. Mas existem inúmeras linhas pedagógicas para traçá-la. Não se deve esquecer, no entanto, de que não se trata de algo linear, que há trama e vertentes que se aproximam e se afastam, dependendo dos anseios, aflições socioculturais e pessoais.

Discorrer sobre isso faz-se necessário para a compreensão da complexidade do tema. O que nos era tradicional e considerado por algumas linhas de pensamento como limitador, pode estar associado a nossa prática diária sob aspectos que nos parecem irrelevantes, como na ordem e sinais sonoros de entrada na escola, na enumeração nas pautas de chamadas, nas filas e marcações de lugares. E o que remetia à liberdade de expressão pode ser considerado indisciplina em algum momento.

E o que fazer quando isso tudo dá um nó e as dificuldades parecem ser um monstro a nos comer o cérebro? O primeiro passo é entender que somos construídos; e conhecer os caminhos que nos levaram a ser como somos.

Uma breve reflexão sobre o Brasil e os corredores pelos quais passou a educação brasileira, em termos de linhas pedagógicas, pode nos auxiliar em aspectos macros a descobrir o Brasil que trazemos nas nossas diretrizes metodológicas e concepções ideológicas.

Em nosso país, como em todos os outros, a educação passa a ser atrelada ao *status* social, ao domínio e controle de títulos. São muitos os fatores que nos levam a crer que uma industrialização se manifesta ora como mecanização do ensino-aprendizagem ora como a modernização que mascara ainda uma mecanização de resultados. Avaliações por méritos de não erros, fagulhas de ser bom no que desejam que seja bom e, buscas sem controle de currículos que ainda se afastam da parceria com a realidade cultural dos sujeitos.

A partir do momento em que a criança se torna um ser infantil e não mais um pequeno adulto, vem a grande pergunta: o que fazer com ela? Um local apropriado precisa ser criado para alocar esse ser descoberto: a escola.

Para suplantar a educação no âmbito familiar ou religioso, a sociedade industrial ganha rumos de deixar as crianças serem crianças, longe dos lares que as protegiam ou as tinham como objetos, para dar a elas alguém que as guiasse sob o molde disciplinar e possibilitar que virassem adulto o mais rápido possível, rumo ao progresso pessoal, social e cultural. Essa visão do aprender de fora para dentro norteava as diretrizes de um sujeito que precisava se conformar.

Outra acepção é a do aprender de dentro para fora que se manifesta de ideias de uma criança que precisa continuar a existir ao longo da vida do adulto, porque é sinônimo de criatividade, autonomia e pureza. O papel do professor muda nessa perspectiva; não mais o detentor dos saberes, mas o mediador na construção desses.

Cientes de que ambos os sujeitos não estão sozinhos no espaço que lhe cerca, tanto na primeira acepção quanto na segunda, deve-se levar em conta, portanto, que o seu papel também interfere na sociedade que lhe "acolhe".

A noção de escola pública e obrigatória data do século XVIII e XIX. Relembra-se que duas correntes filosóficas destacaram-se no início dos tempos modernos: a filosofia da educação de René Descartes (iluminista, cartesiana) e a filosofia da educação de Jean-Jacques Rousseau (romântica).

O que ressaltamos nesse momento de reflexão é que ambas as filosofias, cada qual a seu modo, inspiram meios do fazer pedagógico. Ora a razão dita o que se deve e como se deve aprender; ora natureza infantil aproxima o homem da verdade.

Monkey Business Images/Shutterstock.com

Figura 4.1 – Crianças trabalhando em grupo.

4.2 A Educação no Brasil e suas principais linhas pedagógicas

Sem intenção de separar ou fragmentar o processo da Educação, partimos para um breve relato da Educação Escolar no Brasil. Objetivamos com isso demonstrar o que alguns teóricos descobriram com maestria sobre o fazer escolar no nosso país.

Das leituras que nos orientam pretendemos destacar o caminho da educação e pedagogias desde o Brasil colônia aos dias atuais. Sem pretensão alguma de esgotar a temática, decidimos separar por fases históricas e refletirmos sobre o sujeito e o seu aprendizado.

4.2.1 Brasil Colônia

De acordo com Ghiraldelli Jr. (2009), a Educação Escolar passou por três fases no período colonial: a fase do ensino jesuítico, a das reformas do Marquês de Pombal e a da chegada da corte real ao Brasil (1808-1821).

Com o fim das capitanias hereditárias entre 1532 e 1549 e a formação do Governo Geral, o país ganha os primeiros professores. O padre Manoel de Nóbrega se destaca nesse período. A instituição da instrução e catequese dos indígenas foram os primeiros passos para que, em seguida, as escolas de ordenação também surgissem com o propósito de formar novos padres entre a população local.

Nesse período, que dura mais ou menos duzentos anos, os jesuítas detinham o monopólio do ensino escolar no país e, como só havia escolas de ordenação na época, os filhos da elite passavam por essa formação.

O nosso objetivo é apontar que existiam planos de estudos nesse período que englobavam um estudo básico de humanidades, um de filosofia e outro de teologia. A alfabetização ainda ficava a cargo das famílias, sob os cuidados de um preceptor, caso as famílias tivessem condições financeiras para isso.

O acesso não era para todos, mas a permanência dos jesuítas até 1759 trouxe inúmeros estabelecimentos de ensino administrados pela ordem religiosa. Com a sua expulsão, o Estado assume a educação e as aulas régias são implantadas.

4.2.2 Império

A estrutura do ensino no Império calcou-se em três níveis: primário, secundário e superior, respectivamente: a "escola de ler e escrever" se manteve, mas ganhou mais disciplinas; aulas régias permanecem, mas com uma divisão de disciplinas e o ensino superior, marcado pela centralização nessa ou aquela província que ofertava o curso desejado.

Como a nossa proposta, nesse momento, é verificar como se dava o ensino, nota-se nesse período, influenciado por diversos fatores de ordem política e econômica, uma tentativa de criar em termos de Constituição Nacional caminhos de organizar a educação no país.

É claro que tudo ainda se dava de modo meio atrapalhado, mas percebe-se que um pequeno empenho já aparecia: a adoção do método lancasteriano de ensino (Lei de Outubro de 1827), um sistema de monitoria de ajuda mútua, que não obteve muito êxito, mas denotava que algo precisava ser feito; a criação do Colégio Pedro II (1938).

P. G. Bertichem/Wikimedia Commons

(a)

(b)

Figura 4.2 – Duas unidades, uma antiga e outra recente, do Colégio Pedro II, até hoje um centro de referência de ensino.

Com a consolidação propriamente dita do Império em 1850 e avanço da economia cafeeira, a educação ganha laços maiores com a organização, mesmo que, com razão, para muitos, ainda precária: criação da Inspetoria Geral da Instrução Primária e Secundária do Município da Corte (1854), que se propunha a orientar e supervisionar o ensino, público e particular.

O que destacamos nesse período é a formulação de planos de ensino, ainda no casulo, mas de extrema importância para a realidade econômica da época, o ensino ainda voltado mais para os jovens do que para o ensino infantil, a implantação e reformulação de currículos com base em correntes filosóficas como o iluminismo e o positivismo; e a implantação do sistema de exames, que até hoje permeia o nosso ensino secundário.

4.2.3 República Velha

Diversos foram os fatores que exigiram uma mudança no regime político brasileiro. Mudar não acontece de maneira linear e, não obstante, de uma maneira de rompimento imediato com a cultura estabelecida anteriormente. Portanto, restaram algumas sobras do regime monárquico nas repúblicas, mesmo que regimes contrapostos por conceituação e diretrizes de deslocamento do poder supremo; e nossa educação é um construto de tudo que nos rodeou ao longo da história local e mundial.

Proclamada em 1889 pelo Marechal Deodoro da Fonseca, a República Brasileira se insere na perspectiva de um governo representativo, eleito pelo povo direta ou indiretamente. Associaram-se militares e variados setores sociais do setor cafeeiro para desbancar o poder monárquico. As exigências da modernização não foram acompanhadas pelo Império, segundo alguns, e o descontentamento dos demais se tornou notório e exigia um novo regime que se valesse da vontade de expansão econômica e social.

Lembramos do seguinte: fim da escravidão, trabalho assalariado a vinda de inúmeros imigrantes europeus para o Brasil, avanço da economia cafeeira; e a isso se agrega o poder das oligarquias agrárias do país, numa verdadeira corrida pelo desenvolvimento da indústria brasileira, dos setores que ela alimentava.

E o ensino, onde fica nessa história toda? Se a meta era chegar, com a urbanização a todo vapor nas ruas e cabeças da população intelectual, o Brasil necessitava de escolas que possibilitassem ao trabalhador a escolaridade necessária para auxiliar no novo processo braçal.

Diante disso, necessitávamos de uma educação para o trabalho, profissional, que garantisse as metas desejadas e tornasse o trabalhador disciplinado para as regras econômicas que se instauravam. Instituiu-se o sistema federativo de governo, com a promulgação em 1891 da Constituição da República, gerando a autonomia dos Estados para elaborar suas próprias leis sobre educação em alguns graus de ensino.

Alguns anos passam, mas o resquício do ensino dual advindo da fase imperial ainda se manteve. Uma divisão entre classes se fortalecia. Para entender melhor, cabia à União cuidar do ensino secundário acadêmico e superior e toda a educação do país ficava sob seus olhos. Mas, aos Estados, cabia o ensino primário e profissional, incluindo os cursos normais e escolas técnicas.

Vários são os parênteses que abriríamos nesse momento, mas um em especial gostaríamos de destacar: o Governo federal lançou uma nova legislação em 1911, a Lei Rivadávia Correia, que dava total liberdade aos estabelecimentos escolares e desoficializava o ensino. A reforma Carlos Maximiliano, em 1915, veio contrapor a legislação vigente ao reoficializar o ensino, com a reforma do Colégio Pedro II e a regulamentação do acesso às escolas superiores.

A impressão que se tem é que os objetivos da época iam e vinham, com desejo de holofotes em ideias políticas, ao semear o que vinha de fora. A Primeira Guerra mundial (1914-1918); em 1920, a criação da Universidade do Rio de Janeiro e o movimento da Escola Nova; em 1924, a criação da associação Brasileir a de Educação (ABE); em 1930, Ministério de Educação e Saúde.

4.2.4 Do governo provisório à Lei nº 9.294/96

Sem história, não há caminho de verificação do passado; sem passado, repetiríamos não apenas algumas, mas todas as falhas. E a educação começa a trilhar novos rumos com o Manifesto dos

Pioneiros (1932) e vira alvo de novas expectativas por uma liberdade de ensino e políticas públicas voltadas para o ensino. Sem firmarem-se, as ideias propostas pelos pioneiros se chocaram com o poder ditatorial de Getulio Vargas e não ganharam espaço no Estado Novo (1937-1945).

Nota-se que, do Manifesto dos Pioneiros (1932) ao Manifesto dos Educadores (1959), pouco se progrediu em termos de políticas públicas de educação em nosso país. Mesmo com ideias de promoção, com um olhar trazido de experiências de outros países, os intelectuais não conseguiram passar pelas barreiras de um governo sem abertura.

O final dos anos de 1950 e o início da década seguinte trouxeram um grande movimento por políticas públicas educacionais. A partir dessa época, surgem leis específicas de educação, entre elas: Lei nº 4.024/61; Lei nº 5.540/68, que fixava as normas do ensino superior; Lei nº 5.692/71, Lei de Diretrizes e Bases dos 1º e 2º graus.

Amplie seus conhecimentos

Leia essas leis na íntegra em <http://www.planalto.gov.br/ccivil_03/leis/l4024.htm> e <http://www.planalto.gov.br/ccivil_03/leis/l5692.htm>.

Muitas foram as ideias vetadas na década de 1960, por conta do regime militar que dominava. Poderíamos ter usufruído do ideário de Marx, Altusser, Marcuse e tantos outros, mesmo que fosse para discuti-las, absorvê-las ou negá-las. O direito de até dizer não a elas, caso fosse o nosso desejo, foi-nos retirado. Pensamos: como podem tirar aquilo que nem sabíamos o que era? Como pode decidir pelo outro o que era de todos? Como falar em liberdade de educação em um momento tão restrito... Coisas para refletir e não repetir.

Com a abertura política, em 1970, os movimentos sociais organizados se iniciam, associações se estabelecem. Já nos anos de 1980 e início dos anos de 1990, tivemos as Conferências Brasileiras de Educação (CBE).

O cenário político em 1980 era o seguinte: a população saiu às ruas em prol de eleições diretas; greves por melhores condições de trabalho e salários; José Sarney assume a presidência do Brasil, após a morte de Tancredo Neves. O povo clamava e, em 1988, foi proclamada a Constituição Federal da República Brasileira, com um capítulo para a educação pública nacional; e, em 1989, a tão esperada eleição direta para presidente da República.

Fernando Collor de Mello assume e, no mesmo ano, é lançado o Programa Nacional de Alfabetização e Cidadania (PNAC), que tinha como metas era a erradicação de analfabetismo no país e a valorização dos professores. Infelizmente, as expectativas foram frustradas e o que se pensava em termos de resultados não aconteceu.

Diante de várias propostas de criar uma Lei de Diretrizes e Bases (LDB) calcada nas discussões em prol da escola pública no congresso, durante longos oito anos, o senado vetou o projeto civil e substituiu por um projeto do Senador Darcy Ribeiro: a Lei nº 9.294/96.

Discorremos sobre os aspectos históricos da Educação Brasileira para semear o caminho que nos leva à reflexão sobre o processo de ensino-aprendizagem, os contextos nos quais se inserem o sujeito e a percepção de que toda a bagagem que a educação carrega em si é o que a torna um setor de extrema valia para todos nós.

4.3 Pedagogia no plural

Vimos que a noção de infância se alterou de acordo com concepções socioculturais e que adequar-se à evolução tecnoindustrial e às correntes filosóficas implicou em reformular espaços escolares e políticas públicas para o acesso do sujeito aprendiz. Observamos a política inserida em todo o contexto educacional mundial e brasileiro. E percorremos alguns pontos que construíram a educação que ainda se constrói.

Percebe-se que não é fácil estabelecer uma proposta única para todas as mazelas e expectativas que rodeiam a educação, porque, simplesmente, não se pode escolher uma única vertente educacional que se aproprie com eficácia para resolver tudo o que desagrada ou que se deseja. O partilhar ideias ganha um pano de fundo razoável: a percepção de que são muitos os caminhos e por isso são muitas as partidas e diferentes chegadas.

O fazer pedagógico se entrelaça em questões que não podem ser esquecidas, tais como a prática de pensar na metodologia a ser utilizada em sala de aula e onde se deseja chegar com as vertentes escolhidas. O que se diz é que o fazer pedagógico começa com o pensar pedagógico, por isso, apresentaremos algumas linhas pedagógicas que poderão auxiliar os profissionais da educação no seu trabalho docente e aos discentes no seu planejamento estratégico de aprendizagem.

Lembrando sempre de que se trata de maneiras de fazer e quem faz são os sujeitos com suas construções subjetivas, escolhas e ações vivenciadas. O conhecimento prévio interfere nas ações de um professor em salas de aula, influencia suas ações e permeia o que os alunos trazem em forma de conhecimento construído e por construir. O estilo pessoal é resultante da mistura de concepções e não se deve ter um pensamento único em relação às ideias epistemológicas.

4.3.1 Pedagogia

Não se pode negar que muitos torcem o nariz quando se fala em ensino tradicional. O estereótipo marcado pelo fazer sempre tudo igual, acaba trazendo consigo a marca de um desânimo natural.

Entretanto, cada linha pedagógica tem sua contribuição, seus meios de fazer e objetivos que devem ser desvelados. A Pedagogia Tradicional surge no século XVIII e nos acompanha até o momento, porque tem seu valor histórico-presente.

Em linhas gerais, o fazer tradicional é aquele que está voltado ao professor e ao conteúdo. Aquele detém o saber e determina o que se aprende e como se aprende. O conteúdo precisa ser retido e, com isso, a memorização é o melhor caminho para apreendê-lo. A escola é o ambiente onde se aprende para a vida, disciplina e moral exemplificadas em modelos homogêneos. E, por fim, a metodologia se pauta em aulas expositivas para que os exemplos sejam absorvidos e quem não souber, fica a mercê de sanções preestabelecidas.

Na prática, um exemplo: o aluno chega à escola, entra na fila e canta o Hino Nacional. Em fila, entra na sala de aula e localiza o seu lugar demarcado por uma etiqueta. O professor chega, cumprimenta e começa a escrever no quadro. Os alunos copiam e escutam atentamente a explicação do que o professor trouxe como modelo a ser seguido. Não há questionamento fora do que está sendo mostrado. Estudar para a prova implica em ler e reler o conteúdo dado. A avaliação é quantitativa. O ditado falho ou a tabuada mal respondida poderia levar os joelhos ao milho.

O que preocupa a muitos pensadores é a forma mecânica como se apresenta a Pedagogia tradicional, que não deixa fluir o caráter heterogêneo dos seus alunos e as diversas formas de aprender.

4.3.2 Pedagogia nova

Quando tratamos da Pedagogia Nova, muitos costumam criar uma substituição para a tradicional. Como se cada qual não pudesse coabitar o mesmo espaço. Nota-se que são antagônicas, em alguns pontos, mas que coexistem.

A Pedagogia Nova surge no final do século XIX, na Europa e Estados Unidos da América; e por volta de 1930, no Brasil. O foco nessa perspectiva é o aluno. A escola é o ambiente que se aproxima em características com a própria vida, desafiadora e propulsora. Nada mais de conteúdos acumulados sendo decorados e transmitidos. O que se aprende é natural, aos poucos, com uma proposta não diretiva de ensino. Pensa-se em qualidade.

Na prática, um exemplo: o aluno chega à escola. Entra em sala e procura o lugar que escolhera no primeiro dia de aula. O professor chega, cumprimenta e pergunta como estão os alunos, o que fizeram no fim de semana, o que têm de novo para contribuir e debater com o grupo. Pede para escolherem alguns textos pertinentes ao tema da aula; pede uma leitura silenciosa, forma grupos e solicita a cada grupo que elabore uma apresentação rápida do que entenderam dos textos selecionados. A avaliação se dá de forma qualitativa, individual ou em grupo.

Alguns acreditam que a disciplina fica comprometida nesse fazer pedagógico e que a avaliação quantitativa se perde.

4.3.3 Pedagogia tecnicista

Precisávamos de meios para chegar ao fim. Um modelo para o trabalho, com pessoas habilitadas para saber fazer. Surge, então, na metade do século XX, nos Estados Unidos da América; e no Brasil, entre 1960 e 1970, a Pedagogia Tecnicista.

Direcionada para a técnica, como o próprio nome diz, as diretrizes voltam-se para a preparação de mão de obra. A escola acompanha essa necessidade e se mantém como o local de ensinar a ser adaptável ao mercado de trabalho. Informações objetivas e processuais remetem a uma avaliação de testes e provas também nesse formato. O professor é um técnico.

Na prática, um exemplo: o aluno chega, sem se atrasar. O professor entra em sala e pede para pegar o livro didático, o manual ou apostila com os conteúdos separados de acordo com a necessidade do objetivo proposto. As estratégias técnicas são expostas, os slides apresentados e marca-se um teste sobre a temática. Cabe lembrar que as respostas em tópicos são bem-vindas e as múltiplas escolhas ocupam boa parte da prova.

Fique de olho!

Alguns afirmam que a pedagogia tecnicista se aproxima da pedagogia tradicional, quando se vale da mecanização e da objetividade no ensinar.

4.3.4 Pedagogia Libertária

Rejeitar toda e qualquer forma de autoritarismo é uma das principais características da Pedagogia Libertária. Formar homens livre e críticos, defensores do seu estilo próprio de aprendizagem faz da educação um processo revolucionário inerente às lutas políticas e formação de um povo. Teve como principais colaboradores Michel Lobrot, Célestin Freinet, Maurício Tragtenberg e Miguel G. Arroyo.

Nesse contexto, a escola não reprime, não segue hierarquias; é articulada para que todos sigam o caminho da autogestão. Retira, portanto, a visão dicotômica de Estado/sociedade para dar vazão a ideia de Sociedade/Comunidade.

Os conteúdos são científicos e racionais; a forma de apreensão dos conteúdos é de grande valia. Não dividem o saber, englobam tanto o trabalho braçal quanto o intelectual. A avaliação se dá sem exames, que são vistos como autoritários e repressores. A liberdade que defendem é construída socialmente, nas lutas sociais, o que aproxima a pedagogia libertária aos movimentos trabalhadores, desde o fim do século XIX.

Na prática, um exemplo: uma roda de leitura pode se tornar uma forma de utilização da Pedagogia Libertária. Não há sobreposição da vontade do professor, ele se torna um dos atores do processo, aprendendo também com o outro, em solidariedade com o outro. A leitura acontece individualmente ou em grupo. Cada educando tem suas especificidades respeitadas e pode escolher o que deseja ler em conformidade com o respeito pelos estágios do seu desenvolvimento. A avaliação se dá sem competição, sem exames ou notas.

Nota-se uma relação muito próxima entre a Pedagogia Libertária e a Pedagogia Crítica, no que tange aos princípios que as regem e na visão da escola como um processo político.

4.3.5 Pedagogia Libertadora

A Pedagogia Libertadora objetiva a transformação da prática social da classe popular. Os ideais, fundamentados do Personalismo cristão e na fenomenologia existencial, de Paulo Freire, no início dos anos de 1960, carregam a escola também para fora do espaço escolar; melhor se constrói em outras instituições sociais não formais. O papel da educação é abrir caminho para a "libertação dos oprimidos". Os conteúdos temáticos são trabalhados a partir da vida dos educandos, da sua relação de proximidade com os fatos problematizados. Valoriza o interesse de quem está aprendendo, suas vivências e possibilita a emancipação social por intermédio das relações com o mundo e com o outro.

Na prática, um exemplo: um debate está lançado em sala de aula, todos falam a respeito da violência local. O professor intermedia com perguntas que façam fluir a opinião de cada aluno presente e suas vivências nas proximidades da escola. As conclusões são retiradas da formação de ideias, a partir do relato e possíveis sugestões ofertadas pelo grupo. Os alunos formam grupos para melhor exemplificar o que conversaram; traçam cartazes e panfletos para orientar os demais alunos da escola; formam um grupo de apoio aos alunos que passaram por problemas com a violência.

O foco, portanto, passa do papel de um sujeito passivo para um sujeito ativo; do conteúdo para as relações em compasso com o mundo.

4.3.6 Pedagogia crítico-social dos conteúdos

A valorização da escola pública se afirma por ser esta a que leva o saber científico à população. A pedagogia crítico-social dos conteúdos surge no final dos anos de 1970 e início de 1980, com a proposta de acentuar o conhecimento sistematizado, a primazia dos conteúdos para que os alunos aprendam efetivamente dentro do espaço escolar e na prática social. Não se trata de acumular informações, mas reelaborá-las em prol do conhecimento constituído. Por isso, os conteúdos são universalizados, para que as classes desfavorecidas se instrumentalizem com o saber erudito e ganhem espaço social fortalecendo os laços com o exercício da cidadania.

Na prática, um exemplo: pesquisas são muito bem aceitas, porque valorizam o que deveria ser de conhecimento de todos. O aluno entra no universo do objeto pesquisado, uma peça teatral é sugerida; essa antes vistas apenas por um grupo pequeno da sociedade. Por meio eletrônico, via internet, faz uma viagem virtual às cidades que estão no contexto da peça escolhida; o professor aponta para o vocabulário rebuscado da peça, fornece subsídios linguísticos para que esse seja reforçado em salas de aula, posiciona o aluno na temática, origem e autores do texto selecionado. O aluno participa da pesquisa, discute o tema e elabora um texto sobre o conteúdo; aprende sobre a cultura que antes desconhecia.

Note que o método precisa estar subordinado ao conteúdo. A proposta é aprender o conteúdo com a aplicação de diversos métodos.

Vamos recapitular?

Fazendo uma analogia para fins didáticos, este capítulo define o processo da Educação no Brasil, do Império a Lei nº 9.394/96 e as principais linhas pedagógicas, liberais e progressistas, e suas características mais marcantes. Aponta-se para as questões de respeito às diferentes tendências pedagógicas, aos limites do sujeito enquanto ser-presente e ao modo de avaliar o momento histórico-educativo avaliando também o que o fez desta ou daquela maneira. Participantes, ativos, passivos, os homens interagem na sociedade que os contém e, da mesma forma, contêm o que lhes foi ensinado culturalmente. Sem esquecermos, todavia, que o indivíduo se faz natureza e constrói-se na mobilidade de tudo que lhe cerca. Optou-se por semear alguns conceitos, para estimular a pesquisa e o reconhecimento da prática educativa.

Agora é com você!

1) De acordo com Ghiraldelli Jr, por quais fases a Educação Escolar passou durante o período colonial?

2) Contextualize, brevemente, a República Velha.

3) Qual é o objetivo da Pedagogia Libertadora?

4) Com o objetivo de praticar o que foi abordado neste capítulo, sugerimos que você crie um plano de aula para cada linha pedagógica apontada de acordo com o exemplo abaixo. Atente para o contexto sócio-histórico e para as características de cada uma delas e, se aplicados os planos de aula, elabore um relatório com os resultados encontrados.

Exemplo de plano de aula

» Disciplina;

» Número de aulas/turma;

» Objetivo geral;

» Objetivos específicos;

» Justificativa;

» Metodologia;

» Avaliação;

» Considerações finais.

5

Educação Escolar: Tendências Futuras

Para começar

Como foi apontado nos capítulos anteriores, não é de agora que a Educação Escolar ganha *status* de extrema importância. Porém, acredita-se que estamos diante de, a cada dia, um desafio muito além do que se pensava em termos de espaço escolar, medidas e políticas educacionais, inclusão social.

A sociedade contemporânea aponta para abismos que muitos já pensavam ter transposto com algumas práticas oriundas de políticas de intervenção satisfatórias, tais como as leis e propostas de leis que apontam para a inserção social, para a escola inclusiva e tantas outras maneiras de se pensar ações educacionais.

5.1 A Educação Escolar atual: extrema responsabilidade

Quando trataram de ofertar uma escola pública, laica e gratuita, com características que contemplem os diferentes sujeitos em diversos contextos e completos em suas especificidades, talvez faltou insistir no quanto isso é importante, mas ao mesmo tempo difícil de ser implantado.

A educação permeia em responsabilidades que poderiam e deveriam ser compartilhadas com diversos setores sociais, mediante o fato de que todos os setores fazem parte da sociedade. A saúde, o transporte e saneamento público, a economia, e tantos outros setores ainda são, e por longo tempo serão, parceiros da educação, posto que na disjunção que muitos fazem não nos conforta, e o que nos vale é compreender que tudo faz parte de um todo que os retroalimenta.

A sociedade apresenta necessidades específicas e, sendo assim, exige que o fazer pedagógico não esteja sozinho. As inquietações da Sociologia, da Filosofia e da Psicologia trouxeram um amparo para a percepção do sujeito, às suas exigências cognitivas, e os processos de aprendizagem trazidos para o âmbito escolar e de inserção social.

Mediante as mudanças, que vêm de forma rápida e contundente, e com elas a necessidade de inovar ou adaptar-se a elas e no decorrer do processo, é de grande valia atentar para o que é inovação e o que é novidade. Simão Neto (2010) esclarece que novidades vêm e vão, porém inovações vêm para ficar; provocam transformações, trazem mudanças mais duradouras.

O ensino comum a todos e ao mesmo tempo diferenciado em aspectos individuais e sociais exige uma relação paradoxal do uno e do múltiplo, do sujeito e sujeitos que lhe comportam socialmente, e, assim, amplia a ideia de que essa complexidade não exclui a simplicidade, ou o pensamento simplificador, mas o engloba e demonstra a importância de compreender de forma significativa a aplicabilidade de tais conceitos em seus aspectos. Incluindo-se, nesses aspectos, a própria reforma do pensamento, o processo ensino/aprendizagem, o paradoxo objetividade/subjetividade e tantos outros caminhos que se estruturam de forma complexa.

A Educação Escolar atual se valida de reformas de lei, planos e metas para compor-se. Cabe apontarmos, para fins didáticos, e sem pretensão de englobarmos todas as propostas, algumas mudanças na Lei de Diretrizes e Bases (Lei nº 9.394/96), para entendermos melhor o que no Brasil se firma em compromisso; e a reflexão sobre o conceito de currículo.

5.1.1 Algumas reflexões sobre a Lei nº 9.394/96

Muitos acreditam que uma lei valha para sempre. Se fosse assim, as leis não sofreriam mudanças, não haveria adaptação ao momento social e cultural, nem tampouco seriam respeitadas as necessidades de adequação, principalmente, no que tange a educação.

A Lei nº 9.394, de 20 de dezembro de 1996, foi modificada em alguns artigos, desde o ano seguinte de implantação. Para melhor se compor uma Lei de Diretrizes e Bases para a nossa Educação, muitas foram as alterações no decorrer do tempo e muitas ainda virão, certamente, visto que o engessamento não pode pautar o raciocínio e a reflexão sobre a prática educacional.

A literatura nos mostra que a maneira mais concreta de saber como anda o Brasil, em termos de leis educacionais, é a atualização. O que se disse a esse respeito ontem pode ter sido alterado hoje. Percebe-se que o Artigo I da Lei nº 9.394/96 segue sem alterações, até o momen to, mas houve significativas mudanças nos que os segue. É importante frisar que ter acesso às informações sobre a legislação vigente é um dever e direito dos cidadãos brasileiros.

5.1.2 Lei nº 9.394/96: um caminho de mudanças

Vejamos a Lei nº 9.394/96 e suas alterações até a Lei nº 12.796, de 04 de abril de 2013, conforme <http://www.planalto.gov.br/ccivil_03/leis/l9394.htm>:

> Dos Princípios e Fins da Educação Nacional
>
> Art. 2º A educação, dever da família e do Estado, inspirada nos princípios de liberdade e nos ideais de solidariedade humana, tem por finalidade o pleno desenvolvimento do educando, seu preparo para o exercício da cidadania e sua qualificação para o trabalho.
>
> Art. 3º O ensino será ministrado com base nos seguintes princípios:
>
> XII – consideração com a diversidade étnico-racial. (Incluído pela Lei nº 12.796, de 2013)
>
> TÍTULO III
>
> Do Direito à Educação e do Dever de Educar
>
> Art. 4º O dever do Estado com Educação Escolar pública será efetivado mediante a garantia de:
>
> I – educação básica obrigatória e gratuita dos 4 (quatro) aos 17 (dezessete) anos de idade, organizada da seguinte forma: (Redação dada pela Lei nº 12.796, de 2013)
>
> a) pré-escola; (Incluído pela Lei nº 12.796, de 2013)
>
> b) ensino fundamental; (Incluído pela Lei nº 12.796, de 2013)
>
> c) ensino médio; (Incluído pela Lei nº 12.796, de 2013)
>
> II – educação infantil gratuita às crianças de até 5 (cinco) anos de idade; (Redação dada pela Lei nº 12.796, de 2013)
>
> III – atendimento educacional especializado gratuito aos educandos com deficiência, transtornos globais do desenvolvimento e altas habilidades ou superdotação, transversal a todos os níveis, etapas e modalidades, preferencialmente na rede regular de ensino; (Redação dada pela Lei nº 12.796, de 2013)
>
> IV – acesso público e gratuito aos ensinos fundamental e médio para todos os que não os concluíram na idade própria; (Redação dada pela Lei nº 12.796, de 2013)
>
> VIII – atendimento ao educando, em todas as etapas da educação básica, por meio de programas suplementares de material didático-escolar, transporte, alimentação e assistência à saúde; (Redação dada pela Lei nº 12.796, de 2013)
>
> X – vaga na escola pública de educação infantil ou de ensino fundamental mais próxima de sua residência a toda criança a partir do dia em que completar 4 (quatro) anos de idade. (Incluído pela Lei nº 11.700, de 2008).

Art. 5º O acesso à educação básica obrigatória é direito público subjetivo, podendo qualquer cidadão, grupo de cidadãos, associação comunitária, organização sindical, entidade de classe ou outra legalmente constituída e, ainda, o Ministério Público, acionar o poder público para exigi-lo. (Redação dada pela Lei nº 12.796, de 2013)

§ 1º O poder público, na esfera de sua competência federativa, deverá: (Redação dada pela Lei nº 12.796, de 2013)

I – recensear anualmente as crianças e adolescentes em idade escolar, bem como os jovens e adultos que não concluíram a educação básica; (Redação dada pela Lei nº 12.796, de 2013)

Art. 6º É dever dos pais ou responsáveis efetuar a matrícula das crianças na educação básica a partir dos 4 (quatro) anos de idade. (Redação dada pela Lei nº 12.796, de 2013)

Art. 7º O ensino é livre à iniciativa privada, atendidas as seguintes condições:

III – capacidade de autofinanciamento, ressalvado o previsto no art. 213 da Constituição Federal.

Da Organização da Educação Nacional

Art. 9º A União incumbir-se-á de: (Regulamento)

IX – autorizar, reconhecer, credenciar, supervisionar e avaliar, respectivamente, os cursos das instituições de educação superior e os estabelecimentos do seu sistema de ensino. (Vide Lei nº 10.870, de 2004)

Art. 10. Os Estados incumbir-se-ão de:

VI – assegurar o ensino fundamental e oferecer, com prioridade, o ensino médio a todos que o demandarem, respeitado o disposto no art. 38 desta Lei; (Redação dada pela Lei nº 12.061, de 2009)

VII – assumir o transporte escolar dos alunos da rede estadual. (Incluído pela Lei nº 10.709, de 31.7.2003)

Art. 11. Os Municípios incumbir-se-ão de:

VI – assumir o transporte escolar dos alunos da rede municipal. (Incluído pela Lei nº 10.709, de 31.7.2003)

Art. 12. Os estabelecimentos de ensino, respeitadas as normas comuns e as do seu sistema de ensino, terão a incumbência de:

VII – informar pai e mãe, conviventes ou não com seus filhos, e, se for o caso, os responsáveis legais, sobre a frequência e rendimento dos alunos, bem como sobre a execução da proposta pedagógica da escola; (Redação dada pela Lei nº 12.013, de 2009)

VIII – notificar ao Conselho Tutelar do Município, ao juiz competente da Comarca e ao respectivo representante do Ministério Público a relação dos alunos que apresentem quantidade de faltas acima de cinqüenta por cento do percentual permitido em lei.(Incluído pela Lei nº 10.287, de 2001)

Art. 18. Os sistemas municipais de ensino compreendem:

II – comunitárias, assim entendidas as que são instituídas por grupos de pessoas físicas ou por uma ou mais pessoas jurídicas, inclusive cooperativas educacionais, sem fins lucrativos, que incluam na sua entidade mantenedora representantes da comunidade; (Redação dada pela Lei nº 12.020, de 2009)

III – confessionais, assim entendidas as que são instituídas por grupos de pessoas físicas ou por uma ou mais pessoas jurídicas que atendem a orientação confessional e ideologia específicas e ao disposto no inciso anterior;

IV – filantrópicas, na forma da lei.

TÍTULO V

Das Disposições Gerais

Art. 26. Os currículos da educação infantil, do ensino fundamental e do ensino médio devem ter base nacional comum, a ser complementada, em cada sistema de ensino e em cada estabelecimento escolar, por uma parte diversificada, exigida pelas características regionais e locais da sociedade, da cultura, da economia e dos educandos. (Redação dada pela Lei nº 12.796, de 2013)

§ 2º O ensino da arte, especialmente em suas expressões regionais, constituirá componente curricular obrigatório nos diversos níveis da educação básica, de forma a promover o desenvolvimento cultural dos alunos. (Redação dada pela Lei nº 12.287, de 2010)

§ 3º A educação física, integrada à proposta pedagógica da escola, é componente curricular obrigatório da educação básica, sendo sua prática facultativa ao aluno: (Redação dada pela Lei nº 10.793, de 1º.12.2003)

I – que cumpra jornada de trabalho igual ou superior a seis horas; (Incluído pela Lei nº 10.793, de 1º.12.2003)

II – maior de trinta anos de idade; (Incluído pela Lei nº 10.793, de 1º.12.2003)

III – que estiver prestando serviço militar inicial ou que, em situação similar, estiver obrigado à prática da educação física; (Incluído pela Lei nº 10.793, de 1º.12.2003)

IV – amparado pelo Decreto-Lei nº 1.044, de 21 de outubro de 1969; (Incluído pela Lei nº 10.793, de 1º.12.2003)

V – (VETADO) (Incluído pela Lei nº 10.793, de 1º.12.2003)

VI – que tenha prole. (Incluído pela Lei nº 10.793, de 1º.12.2003)

§ 6º A música deverá ser conteúdo obrigatório, mas não exclusivo, do componente curricular de que trata o § 2º deste artigo. (Incluído pela Lei nº 11.769, de 2008)

§ 7º Os currículos do ensino fundamental e médio devem incluir os princípios da proteção e defesa civil e a educação ambiental de forma integrada aos conteúdos obrigatórios. (Incluído pela Lei nº 12.608, de 2012)

Art. 26-A. Nos estabelecimentos de ensino fundamental e de ensino médio, públicos e privados, torna-se obrigatório o estudo da história e cultura afro-brasileira e indígena. (Redação dada pela Lei nº 11.645, de 2008).

§ 1º O conteúdo programático a que se refere este artigo incluirá diversos aspectos da história e da cultura que caracterizam a formação da população brasileira, a partir desses dois grupos étnicos, tais como o estudo da história da África e dos africanos, a luta dos negros e dos povos indígenas no Brasil, a cultura negra e indígena brasileira e o negro e o índio na formação da sociedade nacional, resgatando as suas contribuições nas áreas social, econômica e política, pertinentes à história do Brasil. (Redação dada pela Lei nº 11.645, de 2008).

§ 2º Os conteúdos referentes à história e cultura afro-brasileira e dos povos indígenas brasileiros serão ministrados no âmbito de todo o currículo escolar, em especial nas áreas de educação artística e de literatura e história brasileiras. (Redação dada pela Lei nº 11.645, de 2008).

Art. 27. Os conteúdos curriculares da educação básica observarão, ainda, as seguintes diretrizes:

Parágrafo único. O fechamento de escolas do campo, indígenas e quilombolas será precedido de manifestação do órgão normativo do respectivo sistema de ensino, que considerará a justificativa apresentada pela Secretaria de Educação, a análise do diagnóstico do impacto da ação e a manifestação da comunidade escolar. (Incluído pela Lei nº 12.960, de 2014)

Da Educação Infantil

Art. 29. A educação infantil, primeira etapa da educação básica, tem como finalidade o desenvolvimento integral da criança de até 5 (cinco) anos, em seus aspectos físico, psicológico, intelectual e social, complementando a ação da família e da comunidade. (Redação dada pela Lei nº 12.796, de 2013)

Art. 30. A educação infantil será oferecida em:

II – pré-escolas, para as crianças de 4 (quatro) a 5 (cinco) anos de idade. (Redação dada pela Lei nº 12.796, de 2013)

Art. 31. A educação infantil será organizada de acordo com as seguintes regras comuns: (Redação dada pela Lei nº 12.796, de 2013)

I – avaliação mediante acompanhamento e registro do desenvolvimento das crianças, sem o objetivo de promoção, mesmo para o acesso ao ensino fundamental; (Incluído pela Lei nº 12.796, de 2013)

II – carga horária mínima anual de 800 (oitocentas) horas, distribuída por um mínimo de 200 (duzentos) dias de trabalho educacional; (Incluído pela Lei nº 12.796, de 2013)

III – atendimento à criança de, no mínimo, 4 (quatro) horas diárias para o turno parcial e de 7 (sete) horas para a jornada integral; (Incluído pela Lei nº 12.796, de 2013)

IV – controle de frequência pela instituição de educação pré-escolar, exigida a frequência mínima de 60% (sessenta por cento) do total de horas; (Incluído pela Lei nº 12.796, de 2013)

V – expedição de documentação que permita atestar os processos de desenvolvimento e aprendizagem da criança. (Incluído pela Lei nº 12.796, de 2013)

Do Ensino Fundamental

Art. 32. O ensino fundamental obrigatório, com duração de 9 (nove) anos, gratuito na escola pública, iniciando-se aos 6 (seis) anos de idade, terá por objetivo a formação básica do cidadão, mediante: (Redação dada pela Lei nº 11.274, de 2006)

§ 5º O currículo do ensino fundamental incluirá, obrigatoriamente, conteúdo que trate dos direitos das crianças e dos adolescentes, tendo como diretriz a Lei n.º 8.069, de 13 de julho de 1990, que institui o Estatuto da Criança e do Adolescente, observada a produção e distribuição de material didático adequado. (Incluído pela Lei nº 11.525, de 2007).

§ 6º O estudo sobre os símbolos nacionais será incluído como tema transversal nos currículos do ensino fundamental. (Incluído pela Lei nº 12.472, de 2011).

Art. 33. O ensino religioso, de matrícula facultativa, é parte integrante da formação básica do cidadão e constitui disciplina dos horários normais das escolas públicas de ensino fundamental, assegurado o respeito à diversidade cultural religiosa do Brasil, vedadas quaisquer formas de proselitismo. (Redação dada pela Lei nº 9.475, de 22.7.1997)

Do Ensino Médio

Art. 35. O ensino médio, etapa final da educação básica, com duração mínima de três anos, terá como finalidades:

Art. 36. O currículo do ensino médio observará o disposto na Seção I deste Capítulo e as seguintes diretrizes:

IV – serão incluídas a Filosofia e a Sociologia como disciplinas obrigatórias em todas as séries do ensino médio. (Incluído pela Lei nº 11.684, de 2008)

§ 1º Os conteúdos, as metodologias e as formas de avaliação serão organizados de tal forma que ao final do ensino médio o educando demonstre:

III – (Revogado pela Lei nº 11.684, de 2008)

§ 2º – (Revogado pela Lei nº 11.741, de 2008)

§ 4º – (Revogado pela Lei nº 11.741, de 2008)

Seção IV-A

Da Educação Profissional Técnica de Nível Médio (Incluído pela Lei nº 11.741, de 2008)

Art. 36-A. Sem prejuízo do disposto na Seção IV deste Capítulo, o ensino médio, atendida a formação geral do educando, poderá prepará-lo para o exercício de profissões técnicas. (Incluído pela Lei nº 11.741, de 2008)

Parágrafo único. A preparação geral para o trabalho e, facultativamente, a habilitação profissional poderão ser desenvolvidas nos próprios estabelecimentos de ensino médio ou em cooperação com instituições especializadas em educação profissional. (Incluído pela Lei nº 11.741, de 2008)

Art. 36-B. A educação profissional técnica de nível médio será desenvolvida nas seguintes formas: (Incluído pela Lei nº 11.741, de 2008)

I – articulada com o ensino médio; (Incluído pela Lei nº 11.741, de 2008)

II – subseqüente, em cursos destinados a quem já tenha concluído o ensino médio. (Incluído pela Lei nº 11.741, de 2008)

Parágrafo único. A educação profissional técnica de nível médio deverá observar: (Incluído pela Lei nº 11.741, de 2008)

I – os objetivos e definições contidos nas diretrizes curriculares nacionais estabelecidas pelo Conselho Nacional de Educação; (Incluído pela Lei nº 11.741, de 2008)

II – as normas complementares dos respectivos sistemas de ensino; (Incluído pela Lei nº 11.741, de 2008)

III – as exigências de cada instituição de ensino, nos termos de seu projeto pedagógico. (Incluído pela Lei nº 11.741, de 2008)

Art. 36-C. A educação profissional técnica de nível médio articulada, prevista no inciso I do caput do art. 36-B desta Lei, será desenvolvida de forma: (Incluído pela Lei nº 11.741, de 2008)

I – integrada, oferecida somente a quem já tenha concluído o ensino fundamental, sendo o curso planejado de modo a conduzir o aluno à habilitação profissional técnica de nível médio, na mesma instituição de ensino, efetuando-se matrícula única para cada aluno; (Incluído pela Lei nº 11.741, de 2008)

II – concomitante, oferecida a quem ingresse no ensino médio ou já o esteja cursando, efetuando-se matrículas distintas para cada curso, e podendo ocorrer: (Incluído pela Lei nº 11.741, de 2008)

a) na mesma instituição de ensino, aproveitando-se as oportunidades educacionais disponíveis; (Incluído pela Lei nº 11.741, de 2008)

b) em instituições de ensino distintas, aproveitando-se as oportunidades educacionais disponíveis; (Incluído pela Lei nº 11.741, de 2008)

c) em instituições de ensino distintas, mediante convênios de intercomplementaridade, visando ao planejamento e ao desenvolvimento de projeto pedagógico unificado. (Incluído pela Lei nº 11.741, de 2008)

Art. 36-D. Os diplomas de cursos de educação profissional técnica de nível médio, quando registrados, terão validade nacional e habilitarão ao prosseguimento de estudos na educação superior. (Incluído pela Lei nº 11.741, de 2008)

Parágrafo único. Os cursos de educação profissional técnica de nível médio, nas formas articulada concomitante e subseqüente, quando estruturados e organizados em etapas com terminalidade, possibilitarão a obtenção de certificados de qualificação para o trabalho após a conclusão, com aproveitamento, de cada etapa que caracterize uma qualificação para o trabalho. (Incluído pela Lei nº 11.741, de 2008)

Da Educação de Jovens e Adultos

Art. 37. A educação de jovens e adultos será destinada àqueles que não tiveram acesso ou continuidade de estudos no ensino fundamental e médio na idade própria.

§ 3º A educação de jovens e adultos deverá articular-se, preferencialmente, com a educação profissional, na forma do regulamento. (Incluído pela Lei nº 11.741, de 2008)

Da Educação Profissional e Tecnológica

Art. 39. A educação profissional e tecnológica, no cumprimento dos objetivos da educação nacional, integra-se aos diferentes níveis e modalidades de educação e às dimensões do trabalho, da ciência e da tecnologia. (Redação dada pela Lei nº 11.741, de 2008)

§ 1º Os cursos de educação profissional e tecnológica poderão ser organizados por eixos tecnológicos, possibilitando a construção de diferentes itinerários formativos, observadas as normas do respectivo sistema e nível de ensino. (Incluído pela Lei nº 11.741, de 2008)

§ 2º A educação profissional e tecnológica abrangerá os seguintes cursos: (Incluído pela Lei nº 11.741, de 2008)

I – de formação inicial e continuada ou qualificação profissional; (Incluído pela Lei nº 11.741, de 2008)

II – de educação profissional técnica de nível médio; (Incluído pela Lei nº 11.741, de 2008)

III – de educação profissional tecnológica de graduação e pós-graduação. (Incluído pela Lei nº 11.741, de 2008)

§ 3º Os cursos de educação profissional tecnológica de graduação e pós-graduação organizar-se-ão, no que concerne a objetivos, características e duração, de acordo com as diretrizes curriculares nacionais estabelecidas pelo Conselho Nacional de Educação. (Incluído pela Lei nº 11.741, de 2008)

Art. 40. A educação profissional será desenvolvida em articulação com o ensino regular ou por diferentes estratégias de educação continuada, em instituições especializadas ou no ambiente de trabalho. (Regulamento)(Regulamento) (Regulamento)

Art. 41. O conhecimento adquirido na educação profissional e tecnológica, inclusive no trabalho, poderá ser objeto de avaliação, reconhecimento e certificação para prosseguimento ou conclusão de estudos.(Redação dada pela Lei nº 11.741, de 2008)

Art. 42. As instituições de educação profissional e tecnológica, além dos seus cursos regulares, oferecerão cursos especiais, abertos à comunidade, condicionada a matrícula à capacidade de aproveitamento e não necessariamente ao nível de escolaridade. (Redação dada pela Lei nº 11.741, de 2008)

DA EDUCAÇÃO SUPERIOR

Art. 44. A educação superior abrangerá os seguintes cursos e programas: (Regulamento)

I – cursos seqüenciais por campo de saber, de diferentes níveis de abrangência, abertos a candidatos que atendam aos requisitos estabelecidos pelas instituições de ensino, desde que tenham concluído o ensino médio ou equivalente; (Redação dada pela Lei nº 11.632, de 2007).

Parágrafo único. Os resultados do processo seletivo referido no inciso II do caput deste artigo serão tornados públicos pelas instituições de ensino superior, sendo obrigatória a divulgação da relação nominal dos classificados, a respectiva ordem de classificação, bem como do cronograma das chamadas para matrícula, de acordo com os critérios para preenchimento das vagas constantes do respectivo edital. (Incluído pela Lei nº 11.331, de 2006)

Art. 46. A autorização e o reconhecimento de cursos, bem como o credenciamento de instituições de educação superior, terão prazos limitados, sendo renovados, periodicamente, após processo regular de avaliação. (Regulamento) (Regulamento) (Vide Lei nº 10.870, de 2004)

§ 1º Após um prazo para saneamento de deficiências eventualmente identificadas pela avaliação a que se refere este artigo, haverá reavaliação, que poderá resultar, conforme o caso, em desativação de cursos e habilitações, em intervenção na instituição, em suspensão temporária de prerrogativas da autonomia, ou em descredenciamento. (Regulamento) (Regulamento) (Vide Lei nº 10.870, de 2004)

DA EDUCAÇÃO ESPECIAL

Art. 58. Entende-se por educação especial, para os efeitos desta Lei, a modalidade de Educação Escolar oferecida preferencialmente na rede regular de ensino, para educandos com deficiência, transtornos globais do desenvolvimento e altas habilidades ou superdotação. (Redação dada pela Lei nº 12.796, de 2013)

Art. 59. Os sistemas de ensino assegurarão aos educandos com deficiência, transtornos globais do desenvolvimento e altas habilidades ou superdotação: (Redação dada pela Lei nº 12.796, de 2013)

Art. 60. Os órgãos normativos dos sistemas de ensino estabelecerão critérios de caracterização das instituições privadas sem fins lucrativos, especializadas e com atuação exclusiva em educação especial, para fins de apoio técnico e financeiro pelo Poder Público.

Parágrafo único. O poder público adotará, como alternativa preferencial, a ampliação do atendimento aos educandos com deficiência, transtornos globais do desenvolvimento e altas habilidades ou superdotação na própria rede pública regular de ensino, independentemente do apoio às instituições previstas neste artigo. (Redação dada pela Lei nº 12.796, de 2013)

Dos Profissionais da Educação

Art. 61. Consideram-se profissionais da Educação Escolar básica os que, nela estando em efetivo exercício e tendo sido formados em cursos reconhecidos, são: (Redação dada pela Lei nº 12.014, de 2009)

I – professores habilitados em nível médio ou superior para a docência na educação infantil e nos ensinos fundamental e médio; (Redação dada pela Lei nº 12.014, de 2009)

II – trabalhadores em educação portadores de diploma de pedagogia, com habilitação em administração, planejamento, supervisão, inspeção e orientação educacional, bem como com títulos de mestrado ou doutorado nas mesmas áreas; (Redação dada pela Lei nº 12.014, de 2009)

III – trabalhadores em educação, portadores de diploma de curso técnico ou superior em área pedagógica ou afim. (Incluído pela Lei nº 12.014, de 2009)

Parágrafo único. A formação dos profissionais da educação, de modo a atender às especificidades do exercício de suas atividades, bem como aos objetivos das diferentes etapas e modalidades da educação básica, terá como fundamentos: (Incluído pela Lei nº 12.014, de 2009)

I – a presença de sólida formação básica, que propicie o conhecimento dos fundamentos científicos e sociais de suas competências de trabalho; (Incluído pela Lei nº 12.014, de 2009)

II – a associação entre teorias e práticas, mediante estágios supervisionados e capacitação em serviço; (Incluído pela Lei nº 12.014, de 2009)

III – o aproveitamento da formação e experiências anteriores, em instituições de ensino e em outras atividades. (Incluído pela Lei nº 12.014, de 2009)

Art. 62. A formação de docentes para atuar na educação básica far-se-á em nível superior, em curso de licenciatura, de graduação plena, em universidades e institutos superiores de educação, admitida, como formação mínima para o exercício do magistério na educação infantil e nos 5 (cinco) primeiros anos do ensino fundamental, a oferecida em nível médio na modalidade normal. (Redação dada pela Lei nº 12.796, de 2013)

§ 1º A União, o Distrito Federal, os Estados e os Municípios, em regime de colaboração, deverão promover a formação inicial, a continuada e a capacitação dos profissionais de magistério. (Incluído pela Lei nº 12.056, de 2009).

§ 2º A formação continuada e a capacitação dos profissionais de magistério poderão utilizar recursos e tecnologias de educação a distância. (Incluído pela Lei nº 12.056, de 2009).

§ 3º A formação inicial de profissionais de magistério dará preferência ao ensino presencial, subsidiariamente fazendo uso de recursos e tecnologias de educação a distância. (Incluído pela Lei nº 12.056, de 2009).

§ 4º A União, o Distrito Federal, os Estados e os Municípios adotarão mecanismos facilitadores de acesso e permanência em cursos de formação de docentes em nível superior para atuar na educação básica pública. (Incluído pela Lei nº 12.796, de 2013)

§ 5º A União, o Distrito Federal, os Estados e os Municípios incentivarão a formação de profissionais do magistério para atuar na educação básica pública mediante programa institucional de bolsa de iniciação à docência a estudantes matriculados em cursos de licenciatura, de graduação plena, nas instituições de educação superior. (Incluído pela Lei nº 12.796, de 2013)

§ 6º O Ministério da Educação poderá estabelecer nota mínima em exame nacional aplicado aos concluintes do ensino médio como pré-requisito para o ingresso em cursos de graduação para formação de docentes, ouvido o Conselho Nacional de Educação – CNE. (Incluído pela Lei nº 12.796, de 2013)

§ 7º (VETADO). (Incluído pela Lei nº 12.796, de 2013)

Art. 62-A. A formação dos profissionais a que se refere o inciso III do art. 61 far-se-á por meio de cursos de conteúdo técnico-pedagógico, em nível médio ou superior, incluindo habilitações tecnológicas. (Incluído pela Lei nº 12.796, de 2013)

Parágrafo único. Garantir-se-á formação continuada para os profissionais a que se refere o caput, no local de trabalho ou em instituições de educação básica e superior, incluindo cursos de educação profissional, cursos superiores de graduação plena ou tecnológicos e de pós-graduação. (Incluído pela Lei nº 12.796, de 2013)

Art. 67. Os sistemas de ensino promoverão a valorização dos profissionais da educação, assegurando-lhes, inclusive nos termos dos estatutos e dos planos de carreira do magistério público:

VI – condições adequadas de trabalho.

§ 1º A experiência docente é pré-requisito para o exercício profissional de quaisquer outras funções de magistério, nos termos das normas de cada sistema de ensino. (Renumerado pela Lei nº 11.301, de 2006)

§ 2º Para os efeitos do disposto no § 5º do art. 40 e no § 8.º do art. 201 da Constituição Federal, são consideradas funções de magistério as exercidas por professores e especialistas em educação no desempenho de atividades educativas, quando exercidas em estabelecimento de educação básica em seus diversos níveis e modalidades, incluídas, além do exercício da docência, as de direção de unidade escolar e as de coordenação e assessoramento pedagógico. (Incluído pela Lei nº 11.301, de 2006)

§ 3º A União prestará assistência técnica aos Estados, ao Distrito Federal e aos Municípios na elaboração de concursos públicos para provimento de cargos dos profissionais da educação. (Incluído pela Lei nº 12.796, de 2013)

Dos Recursos financeiros

IV – prestem contas ao Poder Público dos recursos recebidos.

TÍTULO VIII

Das Disposições Gerais

IV – elaborar e publicar sistematicamente material didático específico e diferenciado.

§ 3º No que se refere à educação superior, sem prejuízo de outras ações, o atendimento aos povos indígenas efetivar-se-á, nas universidades públicas e privadas, mediante a oferta de ensino e de assistência estudantil, assim como de estímulo à pesquisa e desenvolvimento de programas especiais. (Incluído pela Lei nº 12.416, de 2011)

Art. 79-A. (VETADO) (Incluído pela Lei nº 10.639, de 9.1.2003)

Art. 79-B. O calendário escolar incluirá o dia 20 de novembro como 'Dia Nacional da Consciência Negra'.(Incluído pela Lei nº 10.639, de 9.1.2003)

Art. 80. O Poder Público incentivará o desenvolvimento e a veiculação de programas de ensino a distância, em todos os níveis e modalidades de ensino, e de educação continuada. (Regulamento)

§ 4º A educação a distância gozará de tratamento diferenciado, que incluirá:

I – custos de transmissão reduzidos em canais comerciais de radiodifusão sonora e de sons e imagens e em outros meios de comunicação que sejam explorados mediante autorização, concessão ou permissão do poder público; (Redação dada pela Lei nº 12.603, de 2012)

Art. 81. É permitida a organização de cursos ou instituições de ensino experimentais, desde que obedecidas as disposições desta Lei.

Art. 82. Os sistemas de ensino estabelecerão as normas de realização de estágio em sua jurisdição, observada a lei federal sobre a matéria. (Redação dada pela Lei nº 11.788, de 2008)

TÍTULO IX

Das Disposições Transitórias

Art. 87. É instituída a Década da Educação, a iniciar-se um ano a partir da publicação desta Lei.

§ 2º (Revogado pela Lei nº 12.796, de 2013)

§ 3º O Distrito Federal, cada Estado e Município, e, supletivamente, a União, devem: (Redação dada pela Lei nº 11.330, de 2006)

I – (Revogado pela Lei nº 12.796, de 2013)

IV – integrar todos os estabelecimentos de ensino fundamental do seu território ao sistema nacional de avaliação do rendimento escolar.

§ 4º (Revogado pela Lei nº 12.796, de 2013)

Art. 87-A. (VETADO). (Incluído pela Lei nº 12.796, de 2013)

5.1.3 O currículo

Sem sombra de dúvidas, a sociedade contemporânea necessita de mudanças, assim como todas as sociedades anteriores a esta passaram por alterações em suas diretrizes não apenas na área educacional. Isso significa revermos as condições em que se encontra a Educação escolar e sob um olhar que não delimite conteúdos e técnicas de aplicação como formação humana.

A crescente onda de informações, que carregam o sujeito e nem sempre se transformam em conhecimento aplicado, servem de guia para a agitação cotidiana, mas servem também para demonstrar que há inúmeras facetas de um todo que não conseguimos demarcar. O que se diz é que diferentes e amplas significações podem ser válidas para entendermos o quanto deixamos à deriva antes mesmo que se estabeleçam relações com as necessidades humanas de aprender e enfrentar os desafios da atualidade.

Faz-se necessário rever o pensamento voltado para a síntese, abrir a mente para uma maneira diferenciada e não linear do processo ensino-aprendizagem. Estamos diante de um sujeito-social que se ajustou tanto à simplificação, à fragmentação, que lhe garantem certo conforto ou controle das situações, no corre-corre dos dias, nas atribuições cada vez mais diversificadas, nos saberes compartimentados e na dificuldade de articulá-los ao global. A proposta dialógica de pensar faz-nos refletir o quanto somos reféns de diretrizes em vias mutiladas e de informações que fluem de forma devastadora, fazendo do sujeito um apanhador de pedaços da sua técnica, naquele momento e espaço que lhe exigem as informações na ponta da língua, inclusive, no ato educativo e no ensino de uma forma geral.

Não vejamos de forma dicotômica a relação escola/cultura. Se os currículos são culturais, se variam de um país para o outro, de um tipo de escola para outra, porque são influenciados pelas diretrizes culturais estabelecidas pela sociedade, tem-se em vista que as sociedades também se formam com base no que se escolhe para apresentar ao sujeito em sala de aula. Sob essa ótica, a prática curricular, delimitada como forma de contribuição crítica, participação de ações de cidadania e compromisso com o outro, parte do princípio de que a sociedade deseja cidadãos que a retroalimentem.

Todavia, no processo recursivo de o currículo escolar ser a fonte da sociedade, enquanto a sociedade é a fonte do currículo escolar, estaríamos diante de um processo que nos mobilizaria a rever isto: onde desejamos chegar? Nesse repensar, as ciências e as disciplinas estariam reunidas, as dimensões da realidade humana seriam descobertas e o "ensino poderia ser o veículo entre os conhecimentos parciais e o conhecimento global"(MORIN, 2008).

No entanto, ainda, quando se fala em currículo escolar é comum a maioria das pessoas relacioná-lo apenas aos conteúdos estabelecidos e aplicados nas escolas. Que fique claro aos educadores que o Currículo mínimo não é sinônimo de possibilidades e habilidades mínimas. Currículo é a expressão do todo juntamente com o uno; a forma de se conhecer e viabilizar interesses, organizando-os, instrumentar o sujeito-social; o processo contínuo entre o apresentar e o transformar. Não é abstrato, a ponto de ficar fora da existência humana; nem concreto a ponto de ser imutável.

Um currículo autônomo não significa em termo absoluto, mas, relacionais e relativos. A autonomia vem em parceria com o processo de fazer parte do meio em que o sujeito vive. Em um recursivo processo de depender para ser autônomo o currículo se auto-organiza na prática, por ser o contexto dessa prática, enquanto é contextualizado por ela.

Faz-se necessário considerar a noção ambivalente de um sistema, simultaneamente aberto e fechado, a multiplicidade dos fatores que o envolve e que esse sistema abarca; além do caráter multidimensional e, para alguns, transdimensional que envolve a conceituação e aplicabilidade do currículo.

Não há como desassociar, no âmbito educacional, por exemplo, a multiplicidade de indivíduos e especificidades cada vez mais abrangentes. Em um pensamento delimitador, temporário e relativo, sim, poderíamos perceber parte dos conteúdos aplicados e se as competências momentâneas desses sujeitos foram atingidas e dizer que o "currículo" foi dado com sucesso. No entanto, são sistemas que coexistem e se inter-relacionam. Por um lado, realidades ou problemas cada vez mais globais, planetários; por outro, os saberes fragmentados compartimentados em disciplinas. Há uma inadequação nessa situação que faz com que se tornem invisíveis "[...] – os conjuntos complexos, – as interações e retroações entre partes e todo; – as entidades multidimensionais; – os problemas essenciais." (MORIN, 2008).

Seja o currículo visto como uma forma de determinar conceitos a serem aprendidos em atividades planejadas, ordenadas ou como resultados pretendidos em habilidades que precisam ser conquistadas e, ainda, como experiências ou planos de ação para promover o indivíduo e a sociedade com o papel de socialização escolar que se estabelece de diversas formas ou qualquer outra definição para o objeto currículo ou currículos, não podemos nos esquecer de que se trata de pôr em prática o que configura essa prática.

Assim, chegamos ao compromisso que deve ter quem desenvolve do início ao fim da meada os nortes nos quais se estruturam as diferentes vertentes de se pensar o currículo, sempre adequando o pensamento para não fixá-lo em uma ou outra fórmula mágica de se fazer o ensino. O desafio, portanto, é maior do que se imagina *a priori*: elencar as diversas culturas, na escolha das mesmas, mas abranger a cultura de quem chega à escola e precisa ser "nivelado", em termos de conteúdo, às culturas que já lhe são apresentadas como prontas. Entretanto, como fazer, da cultura, culturas? Um nó, no fio da meada linear que muitos acham mais cômodo. Uma avalanche no pensamento do simplificador.

Encontramos outros pontos relevantes em relação ao pensar curricular. A formação docente está configurada a ser um dos tripés de mobilidade do currículo. Não é possível imaginar uma sala de aula, um currículo determinado e um professor detendo o poder de transmiti-lo e avaliá-lo, em vias de quadro e giz, sem uma formação que denote uma visão sistêmica e global da escola. Mesmo cientes da pressão externa, social e política, que cerca os profissionais da educação, a solidificação de uma formação é de extrema valia. Da mesma forma que são sempre necessárias para os profissionais da educação, não apenas para os docentes, uma perspectiva de aprendizado contínuo e a responsabilidade no seu fazer pedagógico. Ser mediador entre os conteúdos e os alunos os torna instrumentos de aplicabilidade; ser mediador do processo curricular os faz também um processo.

Outro setor é o das políticas públicas de ensino. A cada dia fica mais evidente estabelecer metas, planos de ação e metodologias de aplicabilidade de currículo, está influenciado pelo sujeito que se deseja formar. Um caso crítico seria atentar apenas para o que fazer, como fazer e esquecer-se que o outro também faz.

5.2 A Educação Escolar desejada

Com base no que vimos nos capítulos anteriores e o que trazemos de conhecimento da questão, o que se pode dizer é que a Educação Escolar desejada varia em conformidade do desejo e da visão sociocultural e política que acompanham o tempo passado, presente e futuro. De forma recursiva, o que é gerado é gerador. O que se teve de educação foi gerado pelo que se tinha e é gerador do que se tem. Parecem complexas as vias para entender que a educação é um setor múltiplo e uno, e o é; mas não no sentido de ser complicado e inatingível.

Propõe-se uma reflexão: o que você deseja da Educação Escolar?

A pluralidade e a diversidade de pontos de vista diferenciados nos leva à primeira dialogia para responder tal questão. Cada ser é único, mesmo que construído na mesma sociedade, mesmo que dito ser fruto da mesma cultura. É a partir daí, da relação dialógica entre a pluralidade e diversidade, que se entende que o saber educacional não parte de uma só forma cognitiva. Respeitar, portanto, os diferentes modos de se aprender, poderia ser um primeiro acordo para o que se deseja.

Incluir e excluir são fortes pontos na relação dialógica que se pretende. Muitos falam em inclusão social, educacional e cultural, sem perceber um plano de pensamento disjuntivo de incluir para excluir. Um exemplo: na sala de aula inclui-se um aluno com dificuldades visuais e, a todo momento, diz-se "veja" "olha", em vez de "perceba". A percepção vem por meios diferenciados e, quando se exclui a possibilidade de aproximação entre todos, afasta-se aquele que acabamos de apresentar ao que não "viu". Outro exemplo: uma empresa terceirizada ganha o espaço da cozinha de uma escola, cria um cardápio sem levar em conta um aluno com intolerância ao açúcar. Homogeneíza-se com um cardápio único e inflexível, ao incluir o que já estamos excluindo. Ter em mente que incluir é maior do que se pensa, vem como a segunda alavanca para o que se deseja em termos de Educação escolar.

Não se tem muita certeza do que será a Educação escolar nas próximas décadas e isso se valida com um ponto positivo. Sem tantas certezas, podemos fazer uma trama de ideias e planos que nos fortaleçam a criar uma educação de qualidade e mais próxima da realidade que nos será apresentada. Isso evoca mais uma reflexão: se somos agentes presentes, como auxiliarmos na educação vindoura?

Aos questionamentos que se apresentam, amarra-se o pensar presente, as suas estruturas organizacionais e conceituais, as significações que esse estabelecerá ao entrar em contato com um pensamento futuro, ainda estando "longe" dele. Um caminho mediador não se faz com uma direção única. Portanto, pensar a educação que teremos requer caminhos estruturados e abertos ao diálogo e à interação presentes. A terceira proposta é a interação em prol até do que ainda está por vir.

O cenário educacional, que embora possibilite uma análise linear, a princípio, de caráter didático, onde se mostra uma sala de aula, alunos, professores, gestão e resultados, engloba uma gama de múltiplos componentes que se interligam com cada um desses elementos. Quem é o aluno? Quem é o professor? Quem define o espaço escolar em carteiras e salas? A gestão democrática pode ser utilizada em todos os setores educacionais sem exceção? Quando priorizados os resultados e esses não agradam, o que fazer com o que foi construído pelo grupo? Descartar, Ajustar, Rever? Quem vai decidir tudo isso?

Em virtude de tantas inquietações, a transdisciplinaridade se faz urgente. Não se trata de apenas deixar disciplinas justapostas, mas de trazer um novo paradigma educacional que supere a separação das disciplinas. Precisamos, portanto, de um paradigma que separe, que oponha, que saiba distinguir os saberes; mas que os faça se comunicarem, que não os reduza, que não os simplifique.

Como ensinar? Como aprender?

Levar em conta o que os pais desejam para os seus filhos, o que os filhos desejam para si mesmos é uma prática não muito difícil de ser realizada. Reuniões de professores e pais; encontros dos pais com a direção da escola; pais e filhos com o orientador escolar. Tais medidas de "saber ouvir", quando colocadas em ação, viram argumentos e suporte para melhorar. Não se faz a Educação escolar com o par alunos/professor. Toda a comunidade escolar tem de estar ciente das propostas e dificuldades que a escola apresenta. Porque, quando um pai chega ao portão da escola e é mal recebido; quando destoam as informações da secretaria e direção ou, ainda, quando o aluno não sabe quem é o diretor da escola, a escola cai em relação à qualidade educacional que o estabelecimento deveria promover.

Por que nos surpreendemos com falhas que nos parecem do século passado? Por que, diante de fatos tão sérios, os consideramos corriqueiros? A Educação Escolar anda doente, muitos têm um "chazinho" de controle paliativo; outros têm uma overdose de medicamentos com tarja preta. O que falta? Equilíbrio e bom senso. A recomendação, quando estamos doentes, é visitar o médico. Mas, quando se trata da Educação Escolar, a quem devemos pedir socorro?

É necessário ressaltar que apagar "incêndios" localizados, quando se trata de uma escola, é direcionar o fogo para outro momento. Um exemplo disso é o Conselho de Classe: verifica-se, em pelo menos três bimestres letivos, que o aluno X não tinha condições para ser promovido à série seguinte, mas é aprovado para não ficar em dependência com o professor Y. Arrasta-se o aluno em um processo cognitivo falho, não por impossibilidade de aprender, mas porque o foco foi o conteúdo não aprendido que, certamente, ficará acumulado ao conteúdo não aprendido no ano seguinte.

Questiona-se: onde estão as tão faladas recuperações paralelas? Direito do aluno, previsto por diversas portarias externas e internas à escola, e que não são, na maioria das vezes, utilizadas conforme o seu potencial de verificação e de auxílio ao aluno. A Portaria nº 419/2013 da Seeduc, por exemplo, traz considerações extremamente claras a esse respeito.

Por mais que avancem as discussões sobre avaliações e currículos da educação, tais elementos ainda ficam à mercê da boa vontade e das inter-relações que permeiam a escola como um todo. Não se faz educação de qualidade sem informação e trabalho. Um professor parado no tempo avalia também parado no tempo. Uma escola, por mais que tente, não consegue dar a todos os setores sociais um espelho.

Quando se trata a temática "avaliação", já que abrimos um parêntese em boa hora na nossa reflexão, muito ainda há para recompor o conceito, reavaliá-lo e fazer dele a base para o que a escola quer para a formação dos seus alunos. Na prática, ainda vemos alunos rotulados por notas nem sempre fidedignas ao seu potencial. Marcados pelas notas vermelhas, não avançam nem em série escolar nem no processo de fundamentação de aprendizagem.

A avaliação corresponde a muito mais que lançar sobre a mesa uma prova de conteúdos. Avaliar é estar em constante atenção. O sinal amarelo que nos afirma, quase gritando, que a atenção é necessária para não pararmos sem necessidade e, ao mesmo passo, não seguirmos em frente afoitos demais. Ferimos não apenas ao aluno, se mal avaliado, mas a nós mesmos, avaliadores de um processo em conjunto com os demais que circundam o nosso trabalho docente.

Quando criamos parâmetros avaliativos bem definidos, mas inertes diante das mudanças; ou se tratamos dos parâmetros esquecendo que nosso aluno é um sujeito único, estamos diante de uma regra sem fundamento respeitoso.

Não se pode esquecer de que avaliação não está atrelada à dimensão pedagógica, ao ensino--aprendizagem propriamente dito, mas às políticas públicas. Assim engloba de forma contundente a avaliação da escola. No espaço intraescolar, no qual a autoavaliação se efetiva e, num âmbito mais amplo com avaliações da instituição escolar por meio de avaliações eternas, cujo foco é a qualidade do ensino e às correspondências entre as metas e os resultados. Infere-se, portanto, que não há avaliação e planejamento escolar que estejam desatrelados de outros setores da sociedade e que há uma autonomia relativa das escolas em relação às exigências de todo esse contexto.

O que poderíamos questionar nesse impasse agrega outro ainda maior: planejar e avaliar pautados em vias normativas clássicas, quantitativas, ou seguir o curso das diferentes relações avaliadas. Reforcemos: se todo sujeito difere do outro em múltiplos aspectos, será que toda escola tem de ser igual?

Contínuo, o processo de avaliar entra em cena para criar possibilidades, com base em dados objetivos e subjetivos, quantitativos e qualitativos, de regulação da aprendizagem e de adequação de novas maneiras de se reorganizar o fazer pedagógico e o fazer escolar. O repensar o planejamento é uma das características fundamentais no decorrer das avaliações. Notem que tratamos no plural, porque a avaliação nunca é uma só, e, pelo que vimos, não se detém a um só elemento, pois, aluno, professor, direção, escola, políticas públicas, tudo é avaliado.

Uma escola desejada, portanto, é aquela que se entende como parte de um todo significativo e como um todo das partes que lhe compõe. E, por isso, vale propor outro ponto correspondente a nossa reflexão: a gestão.

Para que as ideias não fiquem soltas, propomos um passeio pelas principais teorias da administração aplicadas à gestão escolar, a fim de observarmos as mudanças gradativas nos modelos de gestão.

Você recorda do seu diretor da escola fundamental? Atribuía-se ao gestor um passo a passo burocrático e uma hierarquia fundamentados na sua posição de comando. A visão atual de gestão em equipe, que sai de uma figura central para as decisões de um grupo, apresenta-se aqui no Brasil, a partir do processo democrático que começou nos arredores de 1980.

O que entra em cena é relembrarmos que, bem no início do século XX, final de XIX, com a Revolução Industrial, e os efeitos nas organizações de trabalho, o modelo tradicional de administração se fortalece nas linhas de produção. Frederick W. Taylor e Henri Fayol, na Inglaterra e França, respectivamente, desenvolveram trabalhos de pesquisa que corroboram com a aplicação do paradigma tradicional no que tange também à gestão.

Rapidamente, sob a ótica de Taylor, temos as questões de tempo e movimentos no trabalho e a Organização Racional do Trabalho (ORT). Conforme a literatura nos mostra, algumas características marcam a ORT, entre elas: seleção científica do trabalhador; relação tempo padrão e execução de tarefas; planos de incentivo salariais; divisão de trabalho; supervisão funcional; relação tarefas e eficiências na execução das mesmas; estabelecimento de boas condições físicas de trabalho.

Vale lembrar que se trata de um modelo a ser seguido ou não pela sociedade. No contexto anterior, a seleção de tarefas específicas e o mecanismo linear do trabalho fazem do sujeito algo também mecânico, rotulado de acordo com a sua eficiência nas tarefas que executa e vigiado pelo gestor.

Temos uma vigilância em relação ao trabalho humano, na qual ainda algumas críticas contra a administração científica se fortalecem. Muitos acreditam que nesse movimento de práticas administrativas o homem era visto de forma negativa. Ao precisar que o sujeito necessitava de ajustes para se encaixar na demanda de atividades que afloravam, fazia dele alguém fechado no sistema condicionado.

Enquanto Taylor tratou da Teoria da Administração Científica; Fayol trouxe a Teoria Clássica da Administração tendo como base quatorze princípios: a divisão do trabalho, autoridade e responsabilidade, disciplina, unidade de comando, unidade de direção, interesses gerais em evidência, remuneração de pessoal, centralização, cadeia hierárquica, ordem, equidade, estabilidade e duração do pessoal, iniciativa; espírito de equipe.

Ambas as teorias, de extrema valia para as propostas que encerravam, diferem no foco, ou seja, a diferença mais marcante entre as duas teorias tradicionais é que Taylor tinha como meta as tarefas, enquanto Fayol buscava a estrutura. Embora a rigorosidade ainda se mantivesse, este já aponta para um espírito de equipe inexistente na Teoria Científica de Taylor. Mas, ainda aqui, nesse momento teórico, supomos uma organização ainda vista como sistema fechado, delimitadora de funções e em busca de êxito financeiro, sem se preocupar com o sujeito que movimentava todo esse universo.

Surge, então, a Escola de Relações Humanas de George Elton Mayo, com outra via de análise: o fator humano sendo reconhecido como participante efetivo nas inter-relações administrativas. Nessa proposta teórica, certos princípios florescem: nível de produção visto como resultado da integração social; recompensas e sanções sociais; grupos informais; relações humanas; conteúdo do trabalho; ênfase nos aspectos emocionais; participação nas decisões.

Por que tratarmos disso? Não se faz uma escola responsável sem entender como se dão os diversos setores sociais. Foi um rasgo na história da gestão perceber que o sujeito interfere, participa, organiza. Douglas McGregor, por exemplo, quando estabelece a Teoria x e a Teoria y, a primeira muito próxima da concepção tradicional de gestão; a segunda mais próxima de um equilíbrio organizacional e pessoal, já aponta que as pessoas são criativas e autoparticipativas.

Traz-se para a escola o que o mundo gerenciava em termos de controle ou possibilidade de autonomia do sujeito. A possibilidade em si de perceber a descentralização das decisões e que as responsabilidades poderiam ser delegadas ao grupo de trabalho amplia de tal forma a noção de participação de todos, mesmo que tratemos ainda de formas tradicionais de administração.

A Teoria Sistêmica, criada por Ludwig Bertalanff, por sua vez, também faz parte desse grupo de paradigma tradicional, remetendo-nos às noções de sistema fechado e sistema aberto. Trazer a noção de escola para essa teoria é demonstrar que a organização pulsa em constante troca entre os sistemas que a compõem. Alunos, professores, gestores, família, metas, resultados, conteúdos, papelada, carimbos, merenda interligados entre seus sistemas.

Das teorias tradicionais da administração, passemos às teorias consideradas modernas e às teorias emergentes. Lembrando que estamos caminhando para chegar onde estamos ou onde estaremos depois dessa reflexão.

Das teorias modernas, elencamos a administração por objetivos, que buscam as metas, porém já apresentam aspectos relevantes em relação à autonomia, descentralização do poder; e a Administração Contingencial, que apresenta um modelo de não existência de um só caminho para que se atinjam os objetivos desejados. Para esta, as variáveis são tantas que não se pode gerenciar de uma forma única. Todo o quadro que se apresenta de condições internas e externas remete às avaliações, e reavaliações, e faz saltar aos olhos que as condições políticas, sociais e tecnológicas estão interligadas ao surgimento das noções de cliente, planejamento, organização dos planos de conduta internos.

Apontam-se a Teoria Participativa e a Teoria Japonesa como mais dois paradigmas modernos que auxiliaram na construção do que temos hoje em termos de conceituação e propostas de intervenção da gestão escolar. Na primeira, nota-se a ampliação do olhar para a própria construção da identidade organizacional e o respeito pela participação efetiva direta ou indiretamente apresentada. Na segunda, a visão sistêmica a orienta; ênfase no planejamento estratégico, aprimoramento dos recursos humanos e, ambiente de trabalho limpo de entraves.

Seguimos a nossa reflexão com os aspectos construídos pelas teorias emergentes. Nesse contexto, apresenta-se a reengenharia, ou seja, fazer de novo o engenho, deixar para trás e recomeçar, transformar radicalmente a nova cara da organização; e a administração virtual, que também trabalha com a reengenharia, mas atrelada às tecnologias de informação, à rapidez de processos e à viabilidade de gerenciar tempo e espaço diferenciados.

Questiona-se, com a apropriação das teorias apontadas: o que motiva o professor e o gestor? Quem são os profissionais de hoje e como dialogam com os do século passado? O que de inovação ainda há de vir para que todos se sintam responsáveis pelo processo cognitivo desse grupo?

Repare bem nas teorias apresentadas e verifique no impacto delas no decorrer das décadas no que tange a área educacional. Volte aos capítulos anteriores e demarque a escola administrativa mais evidenciada na Escola. Nota-se que a figura do gestor também acompanha as teorias tradicionais, modernas e emergentes apontadas aqui. E que não é uma linha retilínea, como um fio esticado de conceitos e demarcações de postura profissionais, porque pode utilizar-se de todas para compor-se, mas ao elencarmos esta ou aquela teoria de embasamento das nossas ações, também evidenciamos o profissional que se apresenta em nós.

Vamos recapitular?

Neste capítulo se mostrou a possibilidade de um olhar amplo sobre a Educação Escolar. Aborda a Lei nº 9.394/96, com a proposta de verificar o caminho percorrido de mudanças e meios de auxiliar a Educação Brasileira.

Tratou-se das questões curriculares e avaliativas, como forma de acrescentar a responsabilidade dos profissionais que veiculam tais questões. Assim como, de forma relevante, apontaram-se as diretrizes administrativas que se revelam nas diferentes gestões escolares.

Agora é com você!

1) Disserte sobre a seguinte questão levantada no texto: "Não se tem muita certeza do que será a Educação Escolar nas próximas décadas e isso se valida com um ponto positivo. Sem tantas certezas, podemos fazer uma trama de ideias e planos que nos fortaleçam a criar uma educação de qualidade e mais próxima da realidade que nos será apresentada. Isso evoca mais uma reflexão: se somos agentes presentes como auxiliarmos na educação vindoura?"

2) O que diz o Artigo 58 da Lei nº 9.294/96 sobre a educação especial.

3) Aponte dois paradigmas modernos de administração.

4) Com o objetivo de praticar o que foi abordado nesse capítulo, sugerimos que você reflita sobre um modelo de escola que atenda às suas expectativas e elabore um plano de ação que o viabilize.

6

A Educação Escolar e os Desafios da Aprendizagem

Para começar

O homem, como ser natural e social, apresenta características específicas em seu desenvolvimento e aprendizagem dentro de seu meio. Assim, as funções naturais e sociais do sujeito são desenvolvidas no decorrer da vida, principalmente na infância, quando os conceitos são construídos.

6.1 Aprendizagem e escola

A partir do momento que a escola se percebe como um dos sistemas sociais e não mais como o único espaço para ensinar e aprender, cria-se um ambiente passível de mudanças e reflexão das culturas que propõe. Isso, para muitos, ainda é difícil de aceitar. Mas o fato é que uma sociedade precisa estar ciente de que o aprendiz tem raízes, conhecimento de mundo vivenciado ou aceito, diretrizes de vida marcadas pelas vivências do seu cotidiano. E, com isso, o papel da escola não é apenas o de passar conteúdo. Sua função vai além do formar: é, em todos os contextos, o meio de transformação.

Por isso, o compromisso dos profissionais da Educação nunca foi tão desafiador. Ter sob o mesmo teto sujeitos de diferentes contextos pessoais, biológicos e culturais, e, nessa heterogeneidade, ser capaz de transformar o que já é "sabido" em fonte de promoção para o que ainda não se tem ideia e, assim, ampliar o horizonte de aprendizagem.

Para aprofundar o que se propõe, precisa-se conceituar conhecimento que é, como todas as práticas humanas, integralmente, histórico-social. Severino e Petraglia (2001, p. 24) reafirmam, para dar continuidade ao pensamento, que o ser humano apresenta uma identidade genética e, do mesmo modo, uma identidade cultural.

Como define Moraes (2010, p. 31): "[...] a nossa realidade funciona a partir de uma engenharia complexa. O mesmo acontece com as diferentes dimensões humanas". Realidade, portanto, tem a ver com tudo o que existe em todos os aspectos e dimensões humanas.

> Em sua relação com a realidade, o aprendiz participa com toda a sua inteireza, nutrido por suas emoções, intuições, desejos e afetos, congruentes com sua história de vida. Em seus processos de aprendizagem, o mental, o físico, a razão, a intuição e a emoção já não mais se separam, bem como o passado do presente e do futuro (MORAES, 2010, p.32).

6.2 Dificuldades de aprendizagem

Acredita-se ser de suma importância uma reflexão sobre as dificuldades de aprendizagem que, na prática, no trabalho diário e na literatura revista ficam evidenciados. Conceituam-se algumas dessas dificuldades para esclarecer as principais dúvidas de quem precisa diagnosticar um sujeito, não por tentativa e erro, mas por um posicionamento claro e sustentado.

Infelizmente, muitos meninos e meninas são diagnosticados tardiamente e passam a vida escolar taxados pejorativamente. Criam-se estereótipos negativos e rótulos que marcam a vida do aluno.

Da mesma forma, alguns profissionais precipitam-se e elegem uma pessoa da sala para tratar como "desleixado" ou "hiperativo". Mas, como afirmar isso sem que haja uma equipe multidisciplinar atenta e responsável tratando de cada caso? Virou moda apertar a tecla "você não pode; você não consegue"?

Uma escola preocupada com os alunos não se deixa levar por diagnósticos falhos e auxilia o aluno e sua família a encontrar um caminho para que a aprendizagem se efetue. Porque não existe maneira única de aprender; existem vias de possibilidades, e cada um tem o direito de percorrer cada uma dessas vias até encontrar seu jeito de construir seu aprendizado.

Mais questões surgem: quem apresenta dificuldade em cálculos ou em escrever? Quem troca letras? Quem não para quieto? É possível diagnosticar com base em questões superficiais e sem uma denotação teórica?

Apontam-se, de acordo com Nogueira e Leal (2011), os obstáculos de aprendizagem com base nos estudos de Visca (1987):

> 1 – Epistemológico: conceito de Bachelard retomado por Pichon Rivière, que consiste na resistência em aceitar todo conhecimento que se encontre em contradição com a concepção do mundo e da vida.
>
> 2 – Epistemofílico: conceito de origem psicanalítica, também utilizado por Pichon Rivière, que consiste na dificuldade em aceitar todo conhecimento novo por medo

da indiscriminação, do ataque ou da perda, ou seja, são "as causas emocionais" (VISCA, 2008, p.19) que podem gerar dificuldades de aprendizagem.

3 - Epistêmico: conceito derivado da teoria piagetiana, de acordo com o qual cada sujeito epistêmico possui uma determinada estrutura cognitiva que delimita o nível de conhecimento que pode adquirir em função das operações que dispõe.

4 - Funcional: os obstáculos funcionais são as formas como se dá o pensamento do sujeito que, segundo Visca (1987), sofrem uma evolução que permite ao examinador das dificuldades de aprendizagem utilizá-los como hipótese auxiliar sempre que precise se valer de recursos diagnósticos que não possuam na sua organização os princípios construtivistas, estruturalistas e interacionistas, os quais fundamentam essa visão (NOGUEIRA; LEAL, 2011, p.56).

Não é fácil cuidar do outro, nem tampouco é fácil entender que o outro possui limitações que a sua própria percepção de si não compreende. Todavia, é compromisso que todos nós, principalmente dos pais, professores e profissionais da saúde, temos de estabelecer para o cuidar de um sujeito com dificuldades de aprendizagem.

O que nos preocupa são os excessos de diagnósticos, nem sempre muito confiáveis, que cercam a maioria dos casos. No âmbito escolar, estima-se que muitas crianças com quadro afirmativo para dislexia, por exemplo, não são acometidas por essa dificuldade de aprendizagem específica.

Conforme explica Barros (s/d), dispomos a seguir algumas das dificuldades de aprendizagem:

» Dislexia: é a dificuldade que aparece na leitura, impedindo que o aluno seja fluente – causa trocas ou omissões de letras, inversão de sílabas, leitura lenta, provoca pulos de linhas ao ler um texto, entre outros;

» Disgrafia: normalmente associada à dislexia, faz com que o aluno troque e inverta letras, provocando, consequentemente, dificuldade na escrita. Além disso, está associada a letras mal traçadas e ilegíveis, letras muito próximas e desorganização ao produzir um texto;

» Discalculia: é a dificuldade para cálculos e números. De modo geral, os portadores não identificam os sinais das quatro operações e não sabem usá-los, não entendem enunciados de problemas, não conseguem quantificar ou fazer comparações e não entendem sequências lógicas;

» Dislalia: é a dificuldade na emissão da fala. Pessoa apresenta pronúncia inadequada das palavras, com trocas de fonemas e sons errados, tornando-as confusas. Manifesta-se mais em pessoas com problemas no palato, flacidez na língua ou lábio leporino;

» Disortografia: é a dificuldade na linguagem escrita e também pode aparecer como consequência da dislexia. Suas principais características são a troca de grafemas, desmotivação para escrever, aglutinação ou separação indevida das palavras, e falta de percepção e compreensão dos sinais de pontuação e acentuação;

» Transtorno de Déficit de Atenção e Hiperatividade (TDAH): é um problema de ordem neurológica, que traz consigo sinais evidentes de inquietude, desatenção, falta de concentração e impulsividade.[1]

6.3 Psicopedagogia: saúde e educação

Segundo Oliveira (2009, p. 17),

> [...] a psicopedagogia desenvolve seus estudos, concretizando seu corpo teórico e aprimorando seus instrumentos, para compreender de forma cada vez mais precisa o processo de aquisição do conhecimento pelo ser humano.

Há ainda, para Oliveira (2009), a exigência de uma ressignificação do saber sobre a aprendizagem, que requer do estudioso um aprofundamento em teorias que englobem o ser humano que se relaciona com o mundo em constante movimento.

A autora explicita o caráter interdisciplinar da Psicopedagogia, que denota a especificidade enquanto área de estudo, inter-relacionando-se com outros campos de estudo e "criando seus próprios objetos de estudo, campos de aplicação, corpo teórico e instrumentos" (OLIVEIRA, 2009, p. 22). Assim, a Psicopedagogia, que tinha como objetivo inicial contribuir para as questões da dificuldade de aprendizagem, passa a ser uma área de pesquisa que contribui para melhor compreensão do processo cognitivo global do sujeito.

6.4 A aprendizagem em si

Muitos são os fatores que influenciam a aprendizagem, e ainda se tem muito a aprender sobre esse processo cognitivo. Mas estamos diante de um momento histórico educacional que abrange o maior número de possibilidades até então exploradas.

O que se diz é que, agora, temos condições de entender o sujeito muito mais do que há alguns anos. Como vimos em capítulos anteriores, a escola só tem as características atuais porque passou por um processo de construção de identidade social. Assim como o sujeito só é o sujeito que definimos como tal há pouco tempo.

Não havia o conceito firmado de infância e de inteligências. Tampouco havia preocupação com a inclusão educacional em nenhum sentido. Empregava-se a mesma forma de aprendizagem a todos, como se todo mundo pensasse e aprendesse da mesma forma. Formava-se como se houvesse um molde pronto.

Com o passar do tempo, daí a importância de um pensamento crítico e responsável, o sujeito discente foi conquistando seu espaço na Educação Escolar. Nesse processo, não menos turbulento, aprende-se que aprender não é tão fácil.

---

1 http://www.brasilescola.com/educacao/dificuldades-aprendizagem.htm.

Penava-se em tabuadas e verbos decorados; aprendia-se todos os coletivos e capitais dos países, países esses que as pessoas nem sabiam se existiam de fato e qual língua falavam. Muitos acreditam ser esse o caminho, e não discordaremos, porque cada momento exige um comportamento social, político e histórico.

O que se espera é associar o que precisa ser "gravado" no coletivo social ao significado disso para o aluno. Portanto, é essencial perceber que a aprendizagem é um caminho de múltiplas possibilidades e exigências. Não se faz o conhecimento apenas com informações. Trava-se uma batalha diária para que o conhecimento se efetive em aproveitamento diário para a vida presente e futura.

É preciso aplicar o que se aprende na profissão escolhida, refletir sobre temas diversificados em prol de construir uma sociedade mais justa e colaborativa, e usufruir dos sulcos e giros dos nossos cérebros repletos de neurônios em constante diálogo sináptico. A construção do aprendizado está além do que se pensava sobre Educação em tempos remotos, assim como nosso sujeito atual não é o mesmo, passível a informações sem significado atuante.

Segundo Buogo (2011), a aprendizagem, em sua plenitude, acontece quando o sujeito compreende o objeto de estudo, e consegue reconstruir o caminho de invenção ou descoberta, ao mesmo passo que o aplica de modo a estabelecer relação direta entre teoria e prática.

6.5 Dicas para uma aprendizagem organizada

Como você aprende mais: em frente à TV ou sem ruído algum? Será que escreve tudo colorido, para gravar o conteúdo, ou a caneta preta resolve? Que motivações levam você a estudar mais essa disciplina do que aquela?

Como aprender se os seus olhos são bombardeados por diversos estímulos diferentes? A primeira coisa a fazer é se livrar de tudo que estiver em suas mãos. Observe atentamente a palma da sua mão. Quantas coisas você consegue carregar ao mesmo tempo? Vamos lá! Pense!

O segundo passo é olhar para a sua cama. Será que precisa de tantas coisas além do lençol e do travesseiro? Será mesmo necessário ter tantas coisas espalhadas nela?

Olhe o chão do seu quarto. Observe quantas distrações estão dispostas na mesinha ao lado da cama; na estante, que deveria comportar apenas livros; olhe com atenção para o local onde você estuda. Se o seu momento com os livro se dá na cozinha, será que é na hora do de lavar a louça ou na hora de lanchar? Se a sala for a escolhida, será mesmo necessária a TV ligada?

Pequenas mudanças no seu dia a dia podem fazer uma grande diferença no final do bimestre letivo. Mas, para isso, você mesmo tem de se organizar. Outra dica infalível são blocos, agendas, cartazes atrás da porta ou recadinhos na porta da geladeira, pois costumam deixar você atento às tarefas e datas de avaliações.

Você, estudante, já parou para pensar como você aprende algo?

Alunos com dificuldades visuais estão avessos aos estímulos visuais, mas não estão longe dos estímulos auditivos, por exemplo. Isso significa que as etapas da aprendizagem podem ser percebidas de formas diferenciadas. E cada sujeito aprende de um jeito, em situações diversas e, o principal, com o seu próprio estímulo para aprender.

Dicas simples como as citadas anteriormente podem ajudar a você mesmo perceber onde se sente mais vulnerável na hora de estudar. Há pessoas que só aprendem ouvindo música, o que, para outras, é um martírio se algo ficar tocando ou alguém falando aos seus ouvidos.

Nota-se que o sensorial atinge os momentos de estudo. Distrações dos nossos sentidos podem nos levar a outras distrações e ao cansaço de tanto voltar aos parágrafos anteriores durante a leitura. A frustração se fortalece quando notamos que não somos capazes de aprender aquilo que parece tão fácil para os demais em sala de aula. Mas, será que não somos mesmo capazes de algo ou apenas deixamos o nosso cérebro acreditar tanto nisso?

Então, vamos tentar algo diferente daqui para frente? Elencamos alguns pontos importantes para auxiliar o processo de organização:

1) A política educacional determina parâmetros de conteúdos nacionais, ou seja, o que um aluno precisa aprender no Sul do país é o mesmo que o aluno do Norte também precisa aprender. Levando em conta as diferentes culturas de cada região, é possível determinar um conteúdo geral que possibilite que todos os alunos sejam beneficiados pela aprendizagem dos mesmos.

2) O livro não é para segurar a porta. Se você riu, perceba que ele não é para segurar poeira também. A cada página não lida você está longe de saber os segredos que ela continha. Por isso, comece a investigar o que tem para ler na sua casa, na sua escola, na biblioteca do seu bairro ou na casa dos amigos. A pior autossabotagem é você fingir que leu, seja um livro indicado, seja a lição de casa ou página com o conteúdo da próxima semana de aula, porque é você que fica sem aquele aprendizado específico. Ninguém mais, além de você, não vai saber o que diziam as letras.

3) O ambiente de estudo, seja a sala de aula ou a sala de casa, é o seu ambiente de estudo. Um direito seu de estar "ligado" à sua própria construção cognitiva. Por isso, deixe-o o mais agradável e confortável possível. Isso não quer dizer que você tenha de ficar enrolado até a cabeça no edredom a ponto de dormir sobre as páginas do livro. O que se diz é que você precisa de um ambiente iluminado, sem distrações, com facilidade de acesso a lápis, canetas, borrachas e cadernos e, com a tranquilidade de quem decidiu estudar aquele conteúdo para aprender mais sobre ele ou até para decidir que aquele conteúdo não está correto para você.

4) As pessoas costumam interferir até na maneira como você respira, não é mesmo? Mas será que vale mesmo trazer todas elas para a sua hora de estudo? Pensar no que o fulano disse ou no que o cicrano falou no Facebook não vai ajudá-lo na hora da avaliação, na hora de passar no concurso público desejado ou na entrevista daquele emprego que você tanto almeja. Melhor deixar a conversa do das redes sociais nas redes sociais.

5) Grupos de estudo são ótimos caminhos para tirar dúvidas. Converse com seus amigos. Faça um grupo de estudo meia hora antes da aula e/ou meia hora depois. Nesses curtos momentos de interação construtiva, relembrem conceitos, tentem ajustar o que não conseguiram compreender. Perguntem! As dúvidas geram respostas e respostas podem mudar. Isso é maravilhoso! E por falar em redes sociais, recursos tecnológicos não são apenas para cuidar da vida alheia; eles podem ajudá-lo a tirar dúvidas ou dar a você o *link* do conteúdo que você perdeu. Use-as de forma inteligente.

6) Faça resumos, fichamentos, resenhas. Eles ajudam a fixar o conteúdo lido, além de fortalecê-lo de forma crítica.

7) Não estude com fome, sede ou vontade de ir ao banheiro. Seja responsável pelo seu corpo. Afinal, é seu! Insatisfeito, ele vai dizer a todo o momento que algo está faltando e não deixará você se concentrar.

8) Sempre existe uma disciplina que você decidiu "não gostar". Esqueça os comentários negativos. Evite dizer para os colegas que não gosta, que não aprende, porque você influencia o outro a não gostar também. Da mesma forma, evite ficar alimentando comentários negativos ditos pelos colegas. Isso não ajuda em nada.

9) Tire um dia da semana de "folga" e não estude o conteúdo de sala de aula. Faça coisas novas. Veja um filme legal; saia com os amigos ou sozinho; ande de bicicleta; deite na grama. Faça qualquer coisa que lhe tire o foco do estudo marcado. Palestras, minicursos, vídeos do Youtube... Isso mostra aquela inteligência que tratamos nas múltiplas inteligências, do estar preparado para o diferente.

10) Muitos acham que dificuldades de aprendizagem podem ser superadas sem ajuda. Isso nem sempre é verdade. Se notar que mesmo estudando muito não consegue atingir os objetivos propostos, procure ajuda. Profissionais psicopedagogos podem auxiliá-lo a descobrir um jeito diferente de aprender a aprender.

11) Leia como se contasse uma história para alguém. Aprende-se ensinando, já dizia Paulo Freire. Aproveite para conversar sobre o assunto com você mesmo e com os outros. A cada ponto de esclarecimento, dentro da sua cabeça, a promoção das ideias surge.

12) Se errar, aprenda com o erro. Não fique dando desculpas pela falha. Ela já aconteceu. A cada erro, aprenda a lidar com as frustrações e recomece seu estudo a partir daquele ponto. Quando se tem muita certeza do resultado, parece que não podemos ser passíveis de falhas, mas não é verdade. Anote as falhas, repita os exercícios, releia os textos à procura do seu conhecimento.

13) Nunca fique deixe seu celular ser o item mais precioso do seu dia. Se parar para pensar, ele ocupa um espaço na sua vida que poderia ser utilizado para seu crescimento pessoal. Deixe-o desligado durante as suas horas de estudo. As horas são suas, para você aprender.

Vamos recapitular?

Neste capítulo, apontou-se a necessidade de a escola ser um dos setores sociais que mais se envolva na transformação do sujeito. A aprendizagem do mesmo é de corresponsabilidade da escola, da família e do próprio sujeito que se transforma. Esclareceu-se o papel do psicopedagogo, como profissional das áreas da Saúde e da Educação, com papel primordial nos diagnósticos e no auxilio do sujeito aprendiz. Apresentaram-se algumas das dificuldades específicas da aprendizagem e selecionou-se algumas dicas para melhorar a organização do sujeito discente nos seus momentos de estudo.

Agora é com você!

1) Qual a definição de conhecimento?

2) Escreva sobre dois obstáculos de aprendizagem.

3) Pesquise sobre duas das dificuldades de aprendizagem apresentadas neste capítulo e explique-as.

4) Elabore um roteiro diário de estudo.

7

Educação Escolar: O Complexo Caminho

Para começar

Neste capítulo, após já termos visto alguns princípios, propomos uma recapitulação, a fim de especular novas questões que podem ter-nos escapado nesta proposta discursiva. A Educação Escolar teve um avanço promissor em termos de políticas públicas, formação de profissionais, organização de ideias e demanda de objetivos, mas ainda nos cabe a responsabilidade de dar continuidade crítica a todo esse avanço.

7.1 Recapitulando

Partimos dos conceitos de Escola e Educação Escolar e a retroalimentação histórica desses conceitos para eleger o caminho definido pelas circunstâncias e contingências sociopolítico-econômicas que moldaram o que se tem para apresentar ao mundo hoje em dia.

Não se pode negar que se marcam os fatos e acontecimentos como forma de delimitar o olhar sobre este ou aquele ponto que mais interessa, mas não se pode negar também que, se forem muitos olhares, mais pontos serão elencados do pano de fundo, mais figuras serão ressaltadas e, por conseguinte, mais possibilidades de visões serão promovidas.

Por isso, passear pelas relações conceituais e concepções que divergiram ou aproximaram-se ao longo do tempo, faz-se de extrema importância para o sujeito crítico que se deseja construir. Quando afirmamos que a Educação não pode ser considerada como um fenômeno passivamente neutro, mas sim algo que sofreu e sofre continuamente os efeitos da cultura social vigente e das múltiplas ideologias que sempre emanam desse processo, estamos afirmando que os seus agentes também não podem ser passivos e parceiros de uma neutralidade que os impede de ser proativos.

Quem viu tudo do que passou, ao olhar atentamente um trem passando? Quem estava nessa estação e conseguiu alimentar-se de todas as palavras ditas, enquanto esperava o trem chegar? Será possível fazer da Educação escolar uma meta sem atentar para o que faz dela a chegada de outra meta social, de outro setor que se aflige em ver as crianças nas ruas ou, e ainda, os outros setores sociais se desprendem da escola quando esta se fecha em seus muros?

Há muito a se desvelar no que foi dito e feito em relação à Escola. E, sem pouco prejuízo, deve-se observar que nem tudo pode ser refletido ao mesmo tempo, mas é possível fazer um jogo de espelhos para que cada um projete um pouco de si para compor o grande mosaico que se holograma.

Faz-se necessário conceber um metaponto de vista que, segundo Morin (2007b), só é possível se o observador conceptor se integrar na observação e na concepção. Mas, na impossibilidade de abarcar o megassistema, destaca-se um metaponto de vista, sem, no entanto, manter uma proposta de disjunção e/ou redução.

Quando se vê um indivíduo dentro da sua espécie, organizado e alimentado por ela, tem-se as questões biológicas e culturais evidenciadas. Cada célula é uma parte do organismo global, mas também a totalidade do patrimônio genético presente em cada célula individual. Na continuidade do pensamento, "a sociedade está presente em cada indivíduo, enquanto todo, através de sua linguagem, sua cultura, suas normas" (MORIN, 2008).

Sendo assim, ressaltou-se que os saberes acumulados, resultante das descobertas e experimentações deflagradas pelo próprio crescimento e desenvolvimento da espécie humana, foram aumentando gradativamente e surgem, consequentemente, novas formas de reorganização.

As sociedades mais antigas em relação a nossa passaram por caminhos de condutas diferenciadas para chegarmos até onde estamos. De uma educação voltada para a sobrevivência da espécie às práticas de uma Educação letrada, muito chão foi percorrido.

Trilhados os modelos da Pré-História, da Idade Antiga, no decorrer do livro, percebe-se que os conceitos de Escola e Educação ainda não estavam firmados. Encontramos a Idade Média, que nos aproximou de um ensino cujo modelo de segregação social existente na Antiguidade, já retratada aqui, permanecendo a Educação como um privilégio restrito das classes dominantes.

Das viagens e lutas, dos modelos que marcam o globo terrestre em linhas mediadoras de terras, surge uma educação circundante, que traz o Novo ao Velho Mundo e vice-versa. Pessoas que aprendem com outras pessoas, têm o céu como centro, depois com o homem como centro. Até cairmos nas garras de uma Educação que se preocupa com o currículo dado, com o planejamento de aula, mas que ainda não se compõe do sujeito.

Será que, das teorias que destacamos aqui, alguma se validaria por si só? Dizemos que é improvável que haja um modelo único que "dê certo".

Quem está em sala de aula atualmente se depara com meninos e meninas que veem os seus futuros ainda nas mãos de outrem. Raros são os que dominam o seu conhecimento, sem abrigar-se em seleções de conteúdo que lhes são dadas de forma obrigatória.

Tendo em vista que a realidade escolar difere de uma época para outra e de um espaço para outro, por que não mudaria de uma expectativa pessoal para outra? No decorrer do tempo, como se apontou nos capítulos que antecederam a este, a sociedade definiu-se exatamente da mesma forma que conceituou diferentes formas de consolidar-se. Para isso, precisou experimentar e verificar os conceitos de si e do outro, de maneira que o homem se construísse.

Se levarmos em conta que o próprio sentido de subjetividade vem sendo construído ao longo do tempo, entende-se melhor o quanto de mudanças sociais aconteceu concomitantemente. O conceito de internalizado e reflexivo que tangencia o sujeito atual nem sempre existiu.

No decorrer da construção histórica e social, o "eu" que conhecemos passou pela concepção de uma estética de si, na qual conhecer a si mesmo aproximava-se de cumprir com regras e normas para refletir no corpo físico e mental o que a sociedade esperava dele. A visão pagã deu espaço ao homem religioso voltado ao "ele" que percebia fora se si e, com isso, as configurações educacionais também acompanharam essa mudança.

Na modernidade, no entanto, configura-se o "penso, logo existo" de Descartes, por meio do qual a ciência ganha fôlego de explicar tudo com a razão cartesiana. A noção de infância se modifica e, socialmente, a criança não é mais o pequeno adulto; necessita, com urgência, de um plano de aprendizagem que lhe assegure essa nova designação social.

A partir do momento em que a sociedade exige um comportamento diferenciado, no qual a razão predomine, a relação individualidade/sociedade se confirma em diretrizes que permearam os séculos e se refletem até os dias de hoje.

Nesse contexto, em conformidade com as mudanças socioeconômicas, a subjetividade e a individualidade tornaram-se focos de análise; e a Educação se constrói em termos de prática e conceituação conforme o ritmo acelerado dos apitos.

Nessas vias de pensamento, como se disse, as teorias de aprendizagem poderiam ser consideradas como modelos predeterminados, que têm por objetivo não apenas explicar como ocorre o processo de aprendizagem nos indivíduos, mas também possibilitar que, no uso dessas teorias, o homem não se engesse. Porque, por mais que uma teoria seja pertinente em determinado momento, pode ser que em outro ela não se reafirme.

Quando trouxemos as linhas de pensamento de diversos autores, nossa proposta foi mostrar o quanto de possibilidades ainda não foi explorado em relação às teorias. Não se conseguiu ainda destrinchar tudo o que o behaviorismo apresentou, assim como ainda falhamos no entendimento das concepções construtivistas, sociointeracionistas e tantas outras teorias que apontamos aqui.

Como afirmamos, atualmente, a influência behaviorista nas práticas instrucionais contemporâneas se apresenta de forma contundente em ambientes educacionais ou parcialmente inserida em diversos modelos de Educação escolar.

Se o condicionamento operante lhe parecer muito longe da realidade escolar, observe as aulas de alfabetização e reflita sobre a prática docente. Só assim, relacionando o que se entende da teoria ao que se faz dela, será possível organizar as ideias sobre a Educação escolar.

No que tange à aprendizagem, falamos que Gagné (Teoria Cognitivista) estabelece estados persistentes no aprendiz, os quais ele denomina por capacidades humanas. O foco passa para o que o atinge o aprendiz e como ele processa isso no seu sistema nervoso central. Portanto, quando levamos o aluno ao laboratório de química, apresentamos uma diversidade de possibilidades de elementos e o deixamos experimentar com o propósito de relacionar o que ele produz com isso, estamos permitindo que a Teoria Cognitivista nos auxilie.

Observamos que Piaget, por sua vez, considerava que a construção do conhecimento ocorre quando há um desequilíbrio provocado pelas ações físicas ou mentais sobre objetos, resultando na acomodação e assimilação dessas ações e, assim, em construção de esquemas ou de conhecimento. Para Vygotsky, a partir do momento que a criança descobre que tudo tem um nome, cada novo objeto que surge representa um novo problema que a criança resolva atribuindo-lhe um nome. Enquanto Bruner defende que, com o passar do tempo, o aprendiz deva se tornar autossuficiente, não precisando mais do reforço para conduzir o seu próprio esforço.

Não se pretende retomar todas as teorias; o que desejamos é mostrar que elas existem. O que tiramos disso tudo para a Nossa Escola? Perceber o que o outro diz, fomentar discussões e pleitear mudanças são obrigações nossas, da nossa atualidade, para que se tenha a Educação escolar recheada de possibilidades concretas, diante da estabilidade e também diante do caos. Não temos uma fórmula única, temos uma trama. Alguns se enrolam em seus próprios umbigos; outros, optam por deixar os seus conectados aos dos demais.

As pesquisas sobre desenvolvimento humano associadas às neurociências que avançam em conhecimento sobre o próprio conhecimento alertam para um novo olhar sobre o sujeito. Se o nosso aluno apresenta algum desvio de comportamento, alguma dificuldade cognitiva ou de relacionamento, cabe a nós educadores e colegas de classe saber sobre o funcionamento desse "outro" para melhor auxiliá-lo.

Como afirmamos, não se teve a pretensão de determinar qual a postura do professor, em sala de aula, será mais eficiente no processo de aprendizagem, mas, sim, mostrar que o conhecimento sobre o efeito da ativação dos neurônios espelho nos alunos pode ser uma ferramenta muito interessante a ser usada pelo docente.

Se houvesse uma máquina do tempo, Watson, behavorista clássico, deslumbrar-se-ia diante das inovações teóricas atuais. Mal sabia que o que fez, foi descrever efeitos correlacionados à aquisição da memória; e a própria memória que talvez desconhecesse como é vista hoje pode ainda ocupar áreas cerebrais que nós mesmos não atingimos.

A Educação foi percebida como efetiva quando se remete ao passado, na busca pelo que marcou e foi transmitido para outrem no decorrer do tempo; quando atua como relevante processo de autoconhecimento e autocompreensão do sujeito e da sociedade que interagem e, em movimento constante de transformação, quando pensa o amanhã, ao preparar os nossos aprendizes para o porvir.

Será que já podemos contar com Leis que nos auxiliem? Será que nos apropriamos de políticas públicas que corroboram com a prática educativa? E os nossos currículos já fazem parte de uma responsabilidade que é de todos? Será mesmo que a sociedade atual enxerga o sue sujeito como parte de si e que a carrega dentro de si?

Quem comporta tantas perguntas, sem parar um minutinho para explorar cada uma em parceria com as contingências que as cercam?

Tratamos do avaliar. Cabe, então, elencar que avaliar é estar em constante atenção. Não nos basta discorrer por números, precisamos ir além deles para se fazer jus ao que todos os teóricos nos trouxeram. Quando alguém pergunta qual nota tirei, como dizer a ele que apenas um número o abarca.

Deixamos claro: o todo é a relação entre as partes e o próprio todo ressignificado. Na fonte do pensamento complexo, percebeu-se que há múltiplos em múltiplos. Diante do modelo atual de Educação escolar, cada vez mais nos reafirma o pensar de que o caminho é validado pela reflexão atuante; não o pensar apenas por pensar, mas o pensar que faz do sujeito alguém que é, em totalidade do seu ser, pertencente, presente em concomitância com os passados que carrega e futuro nos passos que elege como determinantes de si mesmo.

A Escola é um espaço para retribuir o que se tem de mais substancial, a essência humana, o fazer-se humano, o construir a humanidade embasada no que se tem de construção de conhecimento. Porque, assim, respeitam-se as diferenças entre os outros e constrói-se os múltiplos olhares.

Finalizamos, por alguns minutos, a nossa reflexão, deixando uma questão norteadora para futuras e emergenciais reflexões: o que você deseja realmente da Educação escolar?

Monkey Business Images/Shutterstock.com

Vamos recapitular?

Este capítulo expõe uma recapitulação de ideias abordadas no decorrer do livro e aborda novas questões com o intuito de não se fechar em si. É a proposta que se abre para novas e necessárias ponderações sobre a Educação Escolar. Deseja-se construir, em parceria com os alunos e professores, uma reflexão crítica que sai do papel rumo à prática efetiva e dinâmica. Porque se acredita que não se faz nada sem a existência do outro.

Agora é com você!

1) Faça uma resenha crítica do livro.
2) Disserte sobre a seguinte citação: "A sociedade está presente em cada indivíduo, enquanto todo, através de sua linguagem, sua cultura, suas normas" (MORIN, 2008).
3) Tendo em vista que a realidade escolar difere de uma época para outra e de um espaço para outro, qual a sua expectativa particular para a Escola do futuro?
4) Como você evidencia a sua participação atual na Escola que deseja?

Bibliografia

ALMEIDA, M.E.B. **Informática e formação de professores**. São Paulo: Paz e Terra; Brasília: MEC, 2000.

AUSUBEL, D.P. **Educational Psychology:** A Cognitive View. New York: Holt, Rinehart and Winston, 1968.

BANDURA, A. **Self-efficacy in changing societies**. Cambridge: Cambridge University Press, 1997.

BANDURA, A.; AZZI, R.G., POLYDORO, S. **Teoria Social Cognitiva:** Conceitos básicos. Porto Alegre: Artmed, 2008.

BARRETO, F.C. **Formando Novas Competências Docentes para a Criação e Uso de Jogos Educacionais Próprios no Ambiente Escolar.** Dissertação de Mestrado em Computação. Universidade Federal do Rio de Janeiro (UFRJ), Rio de Janeiro, 2012.

BRASIL. MINISTÉRIO DA CULTURA E EDUCAÇÃO – MEC. Secretaria de Educação Fundamental. **Parâmetros curriculares nacionais: introdução aos parâmetros curriculares nacionais/ Secretaria de Educação Fundamental**. – Brasília: MEC/SEF, 1997. 126 p. Disponível em: <http://portal.mec.gov.br/seb/arquivos/pdf/livro01.pdf>. Acesso em: 11 mar. 2012.

_____. CENSO ESCOLAR 2012 – MEC. **Balanço da Gestão da Educação 2003-2010.** Disponível em: <http://www.brasil.gov.br/sobre/o-brasil/o-brasil-em-numeros-1/educacao acesso>. Acesso em: 11 de mar. 2012.

_____. **Lei nº 9.394/96**- Disponível em: <http://www.planalto.gov.br/ccivil_03/leis/l9394.htm> Acesso em: 25 de maio de 2014.

BRUNER, J.S. **Uma Nova Teoria da Aprendizagem**. Rio de Janeiro: Ed. Bloch, 1976.

BUOGO, A.L.; CHIAPINOTTO, D.; CARBONARA, V. **O desafio de aprender:** ultrapassando horizontes. 2.ed. Caxias do Sul, RS: EDUCS, 2011.

CARNEIRO, R. **Informática na educação:** representações sociais do cotidiano 2.ed. São Paulo: Cortez, 2002, p. 50-51.

COSTA F. **Competências TIC.** Estudo de Implementação. v.I. GEPE/ME – Gabinete de Estatística e Planejamento da Educação. Ed. Lisboa: 2011.

FREGONEIS, J.G.P.; ALTOÉ, A.; COSTA, L.G.; SILVA, A.R. Uso da tecnologia computacional na Educação: Competências e atitudes de professores. **Revista Eletrônica Científica Inovação e Tecnologia**, v.1, n.3, 2011. Disponível em: <http://revista.md.utfpr.edu.br/sis/index.php/IT/article/viewArticle/31>. Acesso em: 12 Nov. 2012.

FREIRE, P. **Professora sim, tia não:** cartas a quem ousa ensinar. São Paulo: Ed. Olho D'Água, 1993.

GATTI, B.A.; NUNES M.M.R. **Formação de professores para o Ensino Fundamental:** Estudos de currículos das licenciaturas em Pedagogia, Língua Portuguesa, Matemática e Ciências Biológicas.

Fundação Carlos Chagas - Departamento de Pesquisas Educacionais - Textos FCC. v.29, mar. 2009. Disponível em: <http://www.fcc.org.br/biblioteca/publicacoes/textos_fcc/arquivos/1463/arquivoAnexado.pdf>. Acesso em: 4 fev. 2011.

GHIRALDELLI, P. **História da Educação**. São Paulo: Ed. Cortez, 1994.

KAFAI, Y.; RESNICK, M. **Constructionism in Practice:** Designing, Thinking, and Learning in a Digital World. Mahwah/NJ: Lawrence Erlbaum Associates, Inc., 1996.

KAY, A. **Squeak etoys, children, and learning**. 2010. Disponível em: <http://www.squeakland.org/resources/articles/>. Acesso em: 6 out. 2010.

KENSKI, V.M. **Educação e tecnologias:** o novo ritmo da informação. Campinas: Papirus, 2007.

_____. **Tecnologias e ensino presencial e a distância**. Campinas: Papirus, 2003.

LIBÂNEO, J.C. **Adeus professor, adeus professora?** Novas exigências educacionais e profissão docente. 12.ed. São Paulo: Cortez, 2010.

_____. **Educação Escolar:** Políticas, Estrutura e Organização. São Paulo: Cortez, 2012.

MALAN, D.J.; LEITNER, H.H. **Scratch for budding computer scientists**. ACM Digital Library. Harvard University, Massachusetts, 2009. Disponível em: <http://dl.acm.org/citation.cfm?id=1227388>. Acesso em: 13 jan. 2012.

MANACORDA, M. **A História da Educação:** da antiguidade aos novos dias. São Paulo: Cortez, 2006.

MASETTO, M.T. Mediação pedagógica e o uso da tecnologia. *In*: MORAN, J.M.; BEHRENS, M.A.; MASETTO, M.T. **Novas tecnologias e mediação pedagógica**. Campinas: Papirus, 2009.

MORAES, M.C. Informática educativa no Brasil: um pouco de história. **Revista Em Aberto**. Brasília, 1993. Disponível em: <http://www.emaberto.inep.gov.br/index.php/emaberto/article/view/843/755>. Acesso em: 4 fev. 2011.

_____. O paradigma educacional emergente: implicações na formação do professor e nas práticas pedagógicas. **Em Aberto.** Brasília, ano 16. n.70, abr./jun. 1996. Disponível em: <http://twingo.ucb.br/jspui/bitstream/10869/530/1/O%20Paradigma%20Educacional%20Emerg%C3%AAnte.pdf>. Acesso em: 8 jul. 2014.

MORAES, R.A. **Rumos da Informática educativa no Brasil**. São Paulo: Editora Plano, 2002.

MORAN, J.M. **Os novos espaços de atuação do professor com as tecnologias.** Novas tecnologias e meditação pedagógica. 13.ed. São Paulo: Papirus, 2007. Disponível em: <www.eca.usp.br/prof/moran>. Acesso em: 20 abr. 2012.

MOREIRA, M.A. **Aprendizagem significativa**. Brasília: Editora Universidade de Brasília, 1999.

MORIN, E. **A Cabeça Bem-Feita:** Repensar a reforma Repensar o pensamento. (Tradução de Eloá Jacobina). Rio de Janeiro: Bertrand Brasil, 2008.

_____. **Introdução ao pensamento complexo**. (Tradução de Elaine Lisboa). Porto Alegre: Sulina, 2007a.

_____. **O Método 5:** A humanidade da humanidade. (Tradução de Juremir Machado da Silva). Porto Alegre: Sulina, 2007b.

_____. **O Método 2:** a vida da vida. (Tradução de Marina Lobo). Porto Alegre: Sulina, 2005.

NOGUEIRA, M.O.G.; LEAL, D. **Psicopedagogia clínica:** caminhos teóricos e práticos. Curitiba: Ibpex, 2011.

OLIVEIRA, M.A.C. **Psicopedagogia:** a instituição educacional em foco. Curitiba: Ibpex, 2009.

OLIVEIRA, R. **Informática Educativa:** magistério, formação e trabalho pedagógico. São Paulo: Papirus, 2007.

PALLOFF, R. M. ; PRATT, K. **O aluno virtual**: um guia para se trabalhar com estudantes *on-line*. Porto Alegre: Artmed, 2004.

_____. **Building learning communities in cyberspace – effective strategies for the online classroom**. São Francisco: Jossey-Bass Publishers, 1999.

PACITTI, T. **Do Fortran à Internet – No rastro da trilogia:** Educação, pesquisa e desenvolvimento. São Paulo, Ed. Makron Books, 1998.

PAPERT, S. **Mindstorms:** Children, Computers, and Powerful Ideas. Nerw York: BasicBooks, 1980.

_____. **Logo:** Computadores e Educação. São Paulo: Editora Brasiliense, 1985.

PERRENOUD, P. *et all.* **As competências para ensinar no século XXI**. Porto Alegre: Artmed, 2002.

PETRAGLIA, I. **Olhar sobre o olhar que olha:** complexidade, holística e educação. Petrópolis, RJ: Vozes, 2001.

PIAGET, J. **Psicologia e pedagogia**. Rio de Janeiro: Forense Universitária, 1976.

SANTOS, G.L. Uma pesquisa longitudinal sobre professores e computadores. **Educação e Realidade**. Porto Alegre, v.36, n.3, p.837-848, set./dez. 2011. Disponível em: <http://www.ufrgs.br/edu_realidade> e em <http://seer.ufrgs.br/educacaoerealidade/article/view/23080>. Acesso em: 20 abr. 2012.

SEVERINO, A.J. **Educação, sujeito e história.** São Paulo: Ed. Olho d´Água. 2002.

SEVERINO, J. **Metodologia do Trabalho Científico.** São Paulo: Cortez, 2007.

SILVA, M.; SANTOS, E. **Avaliação da aprendizagem em Educação online**. São Paulo: Ed. Loyola, 2006.

SIMIÃO, L.F. **A Informática e a formação continuada de professores:** Analisando aprendizagens e processos. Tese de doutorado – Universidade Federal de São Carlos. São Paulo, 2006.

TEPEDINO, S.A.S. **A autoformação do professor para uso de tecnologias digitais na Educação**. Dissertação de mestrado. Pontifícia Universidade Católica de Minas Gerais. Belo Horizonte, 2004.

VALENTE, J.A. Diferentes Usos do Computador na Educação. *In:* VALENTE, J.A. (Org.), **Computadores e Conhecimento**: repensando a Educação. Campinas: Gráfica da UNICAMP; 1993.

VALENTE J.A.; FREIRE, F.M.P. (Org). **O computador na sociedade do conhecimento**. MEC – Programa Nacional de Informática na Educação, 1999.

______. **Aprendendo para a vida:** Os computadores na sala de aula. São Paulo: Cortez, 2001.

VALENTE, J.A.; VALENTE, A.B. **Logo:** Conceitos, Aplicações e Projetos. São Paulo: Editora McGraw-Hill, 1988.

VYGOTSKY, L. **A formação social da mente:** o desenvolvimento dos processos psicológicos superiores. São Paulo: Martins Fontes, 1998.